Quantum Image Processing
and Key Technologies

量子图像处理
及其关键技术

马鸿洋　邱田会　王淑梅　田艳兵　史　鹏 | 编著

人民邮电出版社
北京

图书在版编目（CIP）数据

量子图像处理及其关键技术 / 马鸿洋等编著. -- 北
京：人民邮电出版社，2024.8
ISBN 978-7-115-63394-1

Ⅰ. ①量… Ⅱ. ①马… Ⅲ. ①图像处理-研究 Ⅳ.
①TP391.413

中国国家版本馆CIP数据核字(2023)第249327号

内 容 提 要

本书系统阐述了量子图像处理及其关键技术。本书内容共分 9 章，分别介绍了量子图像处理的研究意义和背景与现状、量子图像表示模型、量子图像处理算法、量子图像恢复、量子图像加密、量子水印、量子图像边缘检测、量子图像的分类识别、量子图像仿真实现。

本书旨在为量子图像处理领域的科研人员提供具有较强实用性的参考，可作为物理和计算机专业开设量子计算相关课程的教学参考书，也可作为量子计算与量子图像处理的短期专题讲座培训用书。本书结构清晰、内容翔实，对初次接触量子图像处理领域的研究人员，特别是非物理专业的科研技术人员具有一定的参考价值。

◆ 编　　著　马鸿洋　邱田会　王淑梅　田艳兵　史　鹏
　　责任编辑　王　夏
　　责任印制　马振武
◆ 人民邮电出版社出版发行　北京市丰台区成寿寺路 11 号
　　邮编　100164　电子邮件　315@ptpress.com.cn
　　网址　https://www.ptpress.com.cn
　　固安县铭成印刷有限公司印刷
◆ 开本：700×1000　1/16
　　印张：13.5　　　　　　　　2024 年 8 月第 1 版
　　字数：220 千字　　　　　　2024 年 8 月河北第 1 次印刷

定价：129.80 元
读者服务热线：(010)53913866　印装质量热线：(010)81055316
反盗版热线：(010)81055315
广告经营许可证：京东市监广登字 20170147 号

前　言

　　图像处理技术在推动人类文明的演进中发挥着不可替代的作用,推动了人工智能、机器学习和增强现实等领域科学技术的长足发展。随着现代科技的发展,经典图像处理技术已无法满足人们更精确地认知世界的要求,其运算处理数据的能力已经接近物理极限。

　　20世纪90年代建立的量子信息技术是人类历史上最重大的科学成果之一,促进了科技的巨大进步,由此诞生了量子图像处理技术这一新兴的研究领域。量子图像处理技术是量子信息技术的重要分支,是进行图像信息处理的新兴科学技术。得益于量子效应,量子图像处理技术在检测、分类、成像、遥感、视觉处理等领域提供了比经典图像处理技术更高的处理精度、更快的处理速度和更强的安全性。量子图像处理技术并非替代经典图像处理技术,而是通过在经典图像处理中利用量子态的叠加和干涉等原理进行量子并行处理,同时,量子图像处理的规模化应用也需要与经典图像处理技术相融合。

　　在量子科学蓬勃发展的大背景下,作者结合团队在量子信息及量子图像处理方面的研究工作,汇集多年的研究成果撰写此书,以期为新时期量子计算人才培养贡献力量。在撰写过程中,作者力求结构清晰、内容翔实,尽力保持量子计算和量子图像处理研究体系的系统性和相对稳定性,使读者体会到科学的魅力;在讲解量子图像表示模型、量子图像处理算法、量子图像恢复、量子图像加密、量子水印、量子图像边缘检测、量子图像的分类识别、量子图像仿真实现等内容时,注意分析概念实质、揭示理论意图、挖掘物理内涵。在量子图像处理及其关键技术的研究中,还存在许多基本困难和尚未解决的重要问题,作者本着开放思想和勇于创新的原则,对于某些具有前瞻性的方向和思想进行科学阐述,并进行了部分探索性研究。

本书内容包括作者团队的研究成果，以及国内外学者的研究成果。

作者怀着坚定的探索之心撰写此书，由于水平有限，可能有部分优秀成果未被收录，对知识的讲解也可能有不完善之处，敬请读者批评指正。

作者

2023 年 3 月于青岛

目　录

第1章
绪论

　　量子图像处理技术是量子计算与经典图像处理技术交叉融合而产生的新兴学科，其研究内容涉及物理、计算机、数学、控制等学科。由于其独特的物理性质，量子图像处理技术受到越来越多的重视，已成为当前信息处理技术的研究热点。

1.1　量子图像处理的研究意义

　　视觉是人们获取信息的重要方式之一。视觉信息作为一种资源，具有广泛性、共享性、增值性、可处理性和多效用性[1]。随着科学技术的发展，图像已经成为人们获取和传递信息的重要载体。当今的信息社会中，数据计算量急剧增长[2]。摩尔定律表明，芯片内部的晶体管集成度随着时间的推移越来越高；随着组件尺寸的缩小，经典物理定律将不再适用于纳米甚至更小的尺度。尺寸效应和热耗效应制约了集成芯片的发展。受到计算数据爆炸、尺寸效应和热耗效应等的影响，人类必须寻找新的计算方式，而量子计算可能解决上述问题。

　　量子计算根据量子力学规律调控量子信息单位，是利用量子力学原理进行有效计算的一种新的计算模式。量子计算机利用量子力学的叠加、纠缠和相干特性，为未来的计算机技术和图像处理技术的发展提供了新的思路。1982 年，费曼[3]首次对量子计算进行研究，在使用传统计算机模拟量子环境进行计算时，发现利用量子计算的并行性可以有效减少计算资源的损耗。自此，量子计算机被认为具有光明的前景。1985 年，Deutsch[4]对经典计算机和量子计算机进行了深入研究，分析比较了它们的计算效率问题，并且提出了与经典图灵机对应的量子图灵机概念，进一步展示了量子计算机不可忽视的优势和美好的发展前景。现在，利用量子计算机的量子图像处理技术已经成为图像处理技术发展和产业升级的核心技术之一。它将对未来科技进步、新兴产业发展、经济建设等产生巨大冲击甚至带来颠覆性影响。

图像处理是计算机科学的一个重要分支，由于网络、计算机等技术的发展及人们不断深入的研究，图像算法已经越来越丰富，传统的几何变换、简易的像素操作已经无法满足处理需求，受到传统计算机结构和计算方式的束缚，更复杂的图像处理算法在传统计算机技术下难以实现。量子图像处理技术是量子计算与经典图像处理相结合的复杂课题。它利用量子力学的叠加、纠缠、相干等特性，可以更快、更好、更安全地解决经典图像处理中的难题[5-6]。量子图像处理技术是未来计算机视觉发展的重要方向，是人类社会图像信息安全的重要保证[7]。

量子图像处理的研究包括两个方面：一方面是通过量子环境下的某些特性、方法解决经典图像处理问题；另一方面是利用量子计算机解决量子图像处理问题。本书侧重研究后者，即利用量子计算机构造原理解决量子图像处理问题。量子计算机展现出了巨大潜力，量子环境下态的叠加、纠缠特性及计算的并行性可以极大地提高计算的速度，从而提高图像处理的效率，大幅度降低图像处理在时间和空间上的资源损耗。

1.2 量子图像处理的背景与现状

随着技术的不断进步，人们对图像处理的精度和速度提出了更高的要求，而目前的图像处理算法大多较为复杂并且资源消耗较大。解决这一问题的方法之一是将量子计算[4]与传统图像处理相结合，即量子图像处理技术，其专注于利用量子计算框架处理传统的图像处理任务。由于量子计算的一些惊人的固有特性，特别是纠缠和并行性，量子图像处理技术的性能将是传统的同类技术所无法匹敌的。

图像是人眼接收特定频率的电磁波（400～760 nm 的可见光）产生的，而颜色是大脑神经和眼睛共同作用所产生的视觉效果，Beach 等[8]提出了一种基于基础视觉模型的控制系统，用频率来表示颜色，而不是用 RGB 颜色模型，把量子态的角度和频率建立一一对应关系，用一个量子比特存储一种颜色，从而实现真正意义上的量子计算与图像处理的结合。Venegas-Andraca 等[9-10]提出了一种基于像素的量子图像表示模型——量子像素矩阵模型，将电磁波的频率作为判别颜色的标准，并用一个量子比特包含的量子态幅度来表示电磁波的频率。在进行图像处理时，对经典像素的操作在量子态下映射为对量子比特的操作，但在存储一幅 $N \times N$ 的图像信息时并没有充分利用量子态的叠加特性，因此需要 $N \times N$ 个量子比特。Latorre 等[11]为了将量子图像作为图像处理进一步应用的基础，提出了一种图像表示模型——实值右矢（Real Ket）模型，并实现了量子图像存储的二次加速。

由于量子像素矩阵存储信息能力不足，Venegas-Andraca 等[12]修改了量子像素矩阵模型，把量子态纠缠引入量子图像表示模型中，在保存图像像素颜色信息的同时，完成对若干图像内容信息的保存，这与经典图像的存储模型是不同的。2011年，量子图像存储方式实现了很大的突破，Le 等[13]提出一种量子图像的灵活表示（Flexible Representation of Quantum Image，FRQI）模型，利用量子叠加态的特性来实现用 n 个量子比特存储一幅数字图像坐标，可以灵活地实现平移、旋转等几何变换，这是量子图像几何变换中的一个突破性进步。Le 等[14]将 FRQI 模型扩展到彩色图像，实现了利用 FRQI 模型来存储彩色图像。Zhang 等[15]改进了 FRQI 模型，提出了新型增强的量子表示（Novel Enhanced Quantum Representation，NEQR）模型。研究者基于上述量子图像表示模型提出了各种量子图像处理算法，可以完成对图像的简单处理，但量子图像变换方面的研究仍处于初级阶段。

二维灰度量子图像处理中，Le 等[16]为实现对量子图像的颜色变换、坐标变换和局部变换，提出在量子图像上构造新的几何变换，提供了高水平的量子几何变换方法来研究和分析量子图像，这些变换对于在量子计算机上建立实际的图像处理应用程序是非常有必要的。Wang 等[17]利用基础的量子加法线路设计实现了量子图像中的完全平移变换和循环平移变换。Jiang 等[18]提出了一种基于整数比例最近邻内插的量子图像放大算法，并在此基础上设计了量子图像放大算法的量子线路，开启了量子图像缩放的研究。在二维图像的基础上，Fan 等[19]在多维彩色量子图像中研究了一种基于规范任意的叠加态的几何变换的量子算法。Zhou 等[20-21]提出了一种基于整数比例双线性插值法的量子图像放大和缩小算法，利用两种插值方法完成了图像的缩放，采用广义量子图像表示模型来表示大小为 $H \times W$ 的量子图像，然后使用双线性插值法在放大后的图像中生成新的像素，并且设计了相应的量子线路。此外，量子图像缩放算法还取得了许多研究成果[22-25]。然而，人们仍需要进一步优化这些简单的、用于图像几何变换的量子算法。目前，量子傅里叶变换[26]和量子小波变换（QWT）[27]在图像处理中扮演着至关重要的角色，后者可以直接分解上述变换为酉矩阵的直和、直积和直接点积，但该技术还处于理论研究阶段，并没有进行实际应用。

　　图像边缘检测算法对于图像处理具有重要意义，在图像分割、图像拼接、图像目标检测等方面起着重要的作用。Prewitt[28]、Kirsch[29]、Sobel[30]、Canny[31]等经典图像边缘检测算法已经被提出。在已知的经典图像边缘检测算法中，一幅图像在计算复杂度为 $O(2^{2n})$ 的情况下无法完成计算。量子图像处理利用量子力学的物理性质来实现图像计算的加速，实现了图像边缘检测的技术突破。Zhang 等[32]提出了基于 Sobel 的量子边缘检测算法。Xu 等[33]提出了基于 Kirsch 算子的边缘检测量子图像处理算法。虽然量子图像处理的研究和应用仍处于初级阶段，但它所表现出的巨大潜力已经吸引了大批科研人员对其进行深入研究，量子图像处理已成为图像处理领域的研究热点。

参考文献

[1]　WALDROP M M, 汪云九. 计算机视觉[J]. 世界科学, 1985(7): 39-41.

[2]　周傲英. 《海量数据处理》专辑前言[J]. 计算机学报, 2011, 34(10): 1739-1740.

[3]　FEYNMAN R P. Simulating physics with computers[J]. International Journal of Theoretical Physics, 1982, 21(6): 467-488.

[4]　DEUTSCH D. Quantum theory, the Church-Turing principle and the universal quantum computer[J]. Proceedings of the Royal Society A: Mathematical, Physical and Engineering Sciences, 1985, 400(1818): 97-117.

[5]　DELAUBERT V, TREPS N, FABRE C, et al. Quantum limits in image processing[J]. Europhysics Letters, 2008, 81(4): 44001.

[6]　TREPS N, DELAUBERT V, MAÎTRE A, et al. Quantum noise in multipixel image processing[J]. Physical Review A, 2005, 71: 013820.

[7]　ZHOU R G, CHANG Z B, FAN P, et al. Quantum image morphology processing based on quantum set operation[J]. International Journal of Theoretical Physics, 2015, 54(6): 1974-1986.

[8]　BEACH G, LOMONT C, COHEN C. Quantum image processing (QuIP)[C]//Proceedings of 32nd Applied Imagery Pattern Recognition Workshop. Piscataway: IEEE Press, 2004: 39-44.

[9] VENEGAS-ANDRACA S E, BOSE S. Quantum computation and image processing: new trends in artificial intelligence[C]//Proceedings of the 18th International Joint Conference on Artificial Intelligence. New York: ACM Press, 2003: 1563-1564.

[10] VENEGAS-ANDRACA S E, BALL J L. Storing images in entangled quantum systems[J]. arXiv Preprint, arXiv: quant-ph/0402085.

[11] LATORRE J I. Image compression and entanglement[J]. arXiv Preprint, arXiv: quant-ph/0510031.

[12] VENEGAS-ANDRACA S E, BALL J L, BURNETT K, et al. Quantum walks with entangled coins[J]. New Journal of Physics, 2005, 7: 221.

[13] LE P Q, DONG F Y, HIROTA K. A flexible representation of quantum images for polynomial preparation, image compression, and processing operations[J]. Quantum Information Processing, 2011, 10(1): 63-84.

[14] LE P Q, ILIYASU A M, DONG F Y, et al. Strategies for designing geometric transformations on quantum images[J]. Theoretical Computer Science, 2011, 412(15): 1406-1418.

[15] ZHANG Y, LU K, GAO Y H, et al. NEQR: a novel enhanced quantum representation of digital images[J]. Quantum Information Processing, 2013, 12(8): 2833-2860.

[16] LE P Q, ILIYASU A M, DONG F, et al. Fast geometric transformations on quantum images[J]. IAENG International Journal of Applied Mathematics, 2010, 40(3):113-123.

[17] WANG J, JIANG N, WANG L. Quantum image translation[J]. Quantum Information Processing, 2015, 14(5): 1589-1604.

[18] JIANG N, WANG L. Quantum image scaling using nearest neighbor interpolation[J]. Quantum Information Processing, 2015, 14(5): 1559-1571.

[19] FAN P, ZHOU R G, JING N H, et al. Geometric transformations of multidimensional color images based on NASS[J]. Information Sciences, 2016, 340: 191-208.

[20] ZHOU R G, TAN C Y, FAN P. Quantum multidimensional color image scaling using nearest-neighbor interpolation based on the extension of FRQI[J]. Modern Physics Letters B, 2017, 31(17): 1750184.

[21] ZHOU R G, HU W W, FAN P, et al. Quantum realization of the bilinear interpolation method for NEQR[J]. Scientific Reports, 2017, 7: 2511.

[22] ZHOU R G, LIU X G, LUO J. Quantum circuit realization of the bilinear interpolation

method for GQIR[J]. International Journal of Theoretical Physics, 2017, 56(9): 2966-2980.

[23] BEDERSON B B. PhotoMesa: a zoomable image browser using quantum treemaps and bubblemaps[C]//Proceedings of the 14th annual ACM symposium on User interface software and technology. New York: ACM Press, 2001: 71-80.

[24] JAIN R K, STROH M. Zooming in and out with quantum dots[J]. Nature Biotechnology, 2004, 22(8): 959-960.

[25] BAUER M, BERNARD D, TILLOY A. Zooming in on quantum trajectories[J]. Journal of Physics A: Mathematical and Theoretical, 2016, 49(10): 10LT01.

[26] WEINSTEIN Y S, PRAVIA M A, FORTUNATO E M, et al. Implementation of the quantum Fourier transform[J]. Physical Review Letters, 2001, 86(9): 1889-1891.

[27] FIJANY A, WILLIAMS C P. Quantum wavelet transforms: fast algorithms and complete circuits[C]//Proceedings of NASA International Conference on Quantum Computing and Quantum Communications. Berlin: Springer, 1988: 10-33.

[28] CHERRI A K, KARIM M A. Optical symbolic substitution: edge detection using Prewitt, Sobel, and Roberts operators[J]. Applied Optics, 1989, 28(21): 4644-4648.

[29] 王小东, 赵仁宏. 基于 Kirsch 算子图像分割的 FPGA 设计与实现[J]. 影像科学与光化学, 2019, 37(4): 332-335.

[30] REN H D, WANG L, ZHAO S M. Efficient edge detection based on ghost imaging[J]. OSA Continuum, 2019, 2(1): 64-73.

[31] 王植, 贺赛先. 一种基于 Canny 理论的自适应边缘检测方法[J]. 中国图象图形学报, 2004, 9(8): 957-962.

[32] ZHANG Y, LU K, XU K, et al. Local feature point extraction for quantum images[J]. Quantum Information Processing, 2015, 14(5): 1573-1588.

[33] XU P G, HE Z X, QIU T H, et al. Quantum image processing algorithm using edge extraction based on Kirsch operator[J]. Optics Express, 2020, 28(9): 12508-12517.

第 2 章
量子图像表示模型

    量子图像处理是量子算法与图像处理交叉产生的一个新兴研究领域，自 2010 年起，与其相关的研究成果不断涌现。提及量子图像处理，我们首先要明确的是，量子图像处理要遵循以下顺序进行：首先是量子图像在计算机中的表示和存储，随后便是对存储的量子图像应用各种算法进行处理。上述两点也正是专家学者们进行量子图像处理研究的两大方向，因此量子图像处理研究的两大分支为量子图像表示模型和量子图像处理算法。对于量子图像表示模型，需要给出图像的表示方法，以及将图像数据存储于量子计算机中的方法。存储图像的过程被称为量子图像制备，不同的表示模型对应不同的制备过程，其本质是量子算法。国内外专家学者已提出多种量子图像表示模型，如量子比特格（Qubit Lattice）[1]、Real Ket[2]、纠缠图像（Entangled Image）[3]、FRQI[4]、NEQR[5]等。对于量子图像处理算法，基于经典的图像处理算法，各类量子算法如几何变换、色彩处理、特征提取、图像分割、图像增强、图像置乱、图像加密、图像水印等相继被提出。本章将详细介绍量子图像表示模型及其特点与分类。

2.1　量子图像表示模型及其特点

    将经典图像存储为量子形式是量子图像处理的第一步，也是应用量子图像处理算法的前提条件。作为量子图像处理研究的一个重要分支，量子图像表示模型被学者们广泛研究并且取得了一些成果。目前，常用的将图像映射到量子态的模型包括 Qubit Lattice、Real Ket、Entangled Image、FRQI、NEQR 等，它们各具特点，本节将分别对其进行介绍。

2.1.1　Qubit Lattice 模型

Venegas-Andraca 等[1]借鉴经典计算机中数字图像的表示方法,提出了量子计算机中的量子图像表示模型——Qubit Lattice 模型。将图像看作一个二维矩阵,图像的像素映射为矩阵对应位置的数据,若使用一个量子比特存储一个像素信息,则图像有多少个像素就需要多少个量子比特进行存储,这些量子比特逻辑上排成一个Qubit Lattice。

Qubit Lattice 模型在进行图像制备时,会同时制备出图像的若干个量子备份。因此,一个 Qubit Lattice 图像 Z 可以表示为 $Z = \{Q_k\}, k \in \{1,2,\cdots,n_3\}$。其中, n_3 是备份图像个数; $Q = \{|q\rangle_{i,j}\}, i \in \{1,2,\cdots,n_1\}, j \in \{1,2,\cdots,n_2\}$ 是一个 Lattice,即图像的一个备份; $n_1 \times n_2$ 是图像的尺寸。 $|q\rangle$ 是量子矩阵中的一个数据,即量子图像中的一个像素,表示为

$$|q\rangle = \cos\frac{\theta}{2}|0\rangle + \mathrm{e}^{\mathrm{i}\gamma}\sin\frac{\theta}{2}|1\rangle \tag{2.1}$$

其中, θ 表示像素颜色信息。

Qubit Lattice 模型受经典图像存储方法的影响较大,通过像素对应映射矩阵的方法将经典图像映射到量子图像。但是该模型没有应用量子态的叠加、纠缠等特性,且存储图像时使用的量子比特数目较多。

作为早期提出的量子图像表示模型,Qubit Lattice 模型的出现为许多学者提供了研究思路和方向。基于 Qubit Lattice 模型的思想,Yuan 等[6]提出利用转换器检测和记录红外图像能量的强弱,并提出了产生量子比特输出的简单量子表示(Simple Quantum Representation,SQR)模型。Li 等[7]提出了 QSMC(Quantum States for M Colors)& QSNC(Quantum States of N Colors)模型,该模型是在 Qubit Lattice 模型基础上的改进。QSMC&QSNC 模型分为两部分,其中,QSMC 模型表示图像像素的颜色信息,而 QSNC 模型表示图像像素的位置信息(即坐标)。QSMC 模型用角度信息存储颜色信息,用双射函数建立像素颜色值和角度的一对一的映射关系。QSNC 模型用角度信息存储坐标,用双射函数建立像素的坐标和角度的映射关系,并且可以根据所需表示的图像是灰度图像还是彩色图像做出相应的调整。

2.1.2　Real Ket 模型

Latorre 等[2]提出了 Real Ket 模型，通过不断地对图像进行四等分，将图像存储在 Real Ket 中。一个大小为 $2^n \times 2^n$ 的 Real Ket 图像可以表示为

$$\left|\psi_{2^n \times 2^n}\right\rangle = \sum_{i_1,\cdots,i_n=1,\cdots,4} c_{i_n,\cdots,i_1}\left|i_n,\cdots,i_1\right\rangle \tag{2.2}$$

其中，c 是像素值，$i_n,\cdots,i_1$ 是图像不断四等分后的位置信息。为了便于理解，以一个大小为 4×4 的图像为例进行说明，其 Real Ket 模型表示如图 2-1 所示，其表达式如式（2.3）所示。

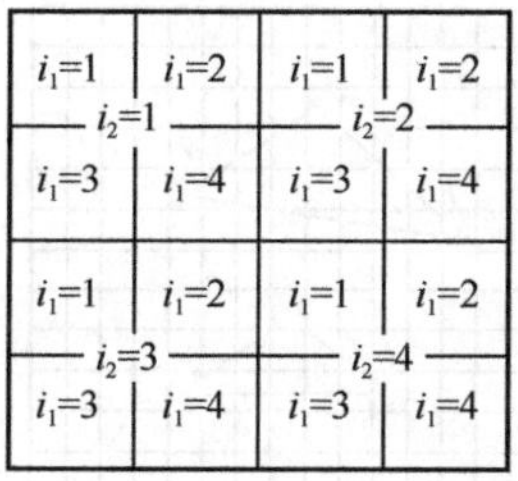

图 2-1　Real Ket 模型表示

$$\left|\psi_{2^2 \times 2^2}\right\rangle = \sum_{i_1,i_2=1,\cdots,4} c_{i_2 i_1}\left|i_2 i_1\right\rangle =$$
$$c_{11}\left|11\right\rangle + c_{12}\left|12\right\rangle + c_{13}\left|13\right\rangle + c_{14}\left|14\right\rangle +$$
$$c_{21}\left|21\right\rangle + c_{22}\left|22\right\rangle + c_{23}\left|23\right\rangle + c_{24}\left|24\right\rangle +$$
$$c_{31}\left|31\right\rangle + c_{32}\left|32\right\rangle + c_{33}\left|33\right\rangle + c_{34}\left|34\right\rangle +$$
$$c_{41}\left|41\right\rangle + c_{42}\left|42\right\rangle + c_{43}\left|43\right\rangle + c_{44}\left|44\right\rangle \tag{2.3}$$

Real Ket 模型利用了量子态的叠加特性，用 n 个量子比特就能表示大小为 $2^n \times 2^n$ 的图像，但是从其表达式可以看出，Real Ket 模型对于图像的尺寸有一定的限制，即图像长宽必须相等且为 2 的指数次幂。

2.1.3　Entangled Image 模型

Venegas-Andraca 等[3]于 2010 年提出了 Entangled Image 模型。该模型与 Qubit

Lattice 模型类似，也采用一个量子比特存储一个像素信息的形式，不同之处在于，Entangled Image 模型应用量子态纠缠的特性表示图像像素之间的关系，更适用于表示二值几何图像。为了便于理解，这里以一个简单的二值几何图像为例进行说明，如图 2-2 所示。二值几何图像中有两个三角形，顶点分别为 p,q,r 和 s,t,u，则该图像用 Entangled Image 模型表示为

$$|I\rangle = \bigotimes_{i=1,i\neq p,q,r,s,t,u}^{n} |0\rangle_i \otimes \frac{|000\rangle_{pqr}+|111\rangle_{pqr}}{\sqrt{2}} \otimes \frac{|000\rangle_{stu}+|111\rangle_{stu}}{\sqrt{2}} \qquad (2.4)$$

其中，n 是图像中的像素个数。也就是说，如果一个像素不是某个图形的顶点，则用 $|0\rangle$ 态表示；否则用 $|1\rangle$ 态表示，将属于同一个图形的顶点纠缠在一起。

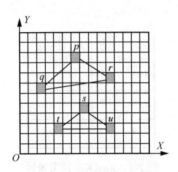

图 2-2　二值几何图像示例

可以看出，Entangled Image 模型只适用于图案构成较简单的二值几何图像。

2.1.4　FRQI 模型

Le 等[4]提出的 FRQI 模型是目前应用较广泛的量子图像表示模型之一。FRQI 模型中，对于大小为 $2^n \times 2^n$ 的图像 I，其横、纵坐标分别用 n 个量子比特表示，颜色信息用一个量子比特表示，表达式为

$$|I\rangle = \frac{1}{2^n}\sum_{i=0}^{2^{2n}-1}|c_i\rangle\bigotimes|i\rangle$$

$$|c_i\rangle = \cos\theta_i|0\rangle + \sin\theta_i|1\rangle, \theta_i \in \left[0,\frac{\pi}{2}\right]$$

$$|i\rangle = |y\rangle|x\rangle = |y_{n-1}y_{n-2}\cdots y_0\rangle|x_{n-1}x_{n-2}\cdots x_0\rangle, \quad |y_i\rangle|x_i\rangle \in \{0,1\} \qquad (2.5)$$

　　FRQI 模型将图像信息分为两部分来表示，分别为颜色信息 $|c_i\rangle$ 和位置信息 $|i\rangle$，且两部分信息纠缠在一起。利用这种纠缠性质，可以实现颜色信息和位置信息的对应，即位于 $|i\rangle=|x\rangle|y\rangle$ 的像素的颜色信息为 $|c_i\rangle$。

　　颜色信息 $|c_i\rangle$ 中，$|0\rangle$ 和 $|1\rangle$ 是基本的二维运算基矢，$(\theta_0,\theta_1,\cdots,\theta_{2^{2n}-1})$ 是颜色的角度编码信息。位置信息 $|i\rangle$ 又可以分为两部分：$|y\rangle$ 是纵坐标信息，$|x\rangle$ 是横坐标信息。$\otimes$ 表示 Kronecker 积。

　　以一个大小为 2×2 的图像（共有 4 个像素）为例进行说明，其 FRQI 模型表示如图 2-3 所示。

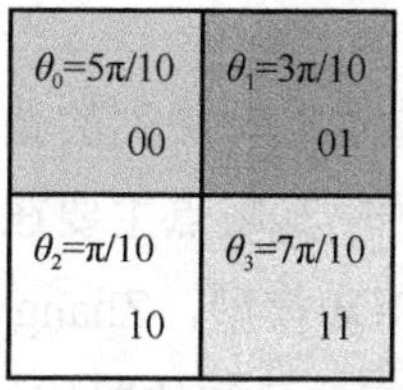

图 2-3　FRQI 模型表示

　　图 2-3 中，每个方块表示一个像素，每个方块内第一行表示颜色信息，第 2 行表示位置信息，则该图像可表示为

$$|I\rangle=\frac{1}{2}\big[(\cos\theta_0\,|0\rangle+\sin\theta_0\,|1\rangle)\otimes|00\rangle+(\cos\theta_1\,|0\rangle+\sin\theta_1\,|1\rangle)\otimes|01\rangle+$$
$$(\cos\theta_2\,|0\rangle+\sin\theta_2\,|1\rangle)\otimes|10\rangle+(\cos\theta_3\,|0\rangle+\sin\theta_3\,|1\rangle)\otimes|11\rangle\big] \tag{2.6}$$

　　FRQI 模型充分利用了量子力学中量子态的叠加和纠缠两大特性，具体如下。

　　（1）位置信息叠加存储，每个量子比特 $|y_i\rangle$ 或 $|x_i\rangle$ 中同时存储 $|0\rangle$ 和 $|1\rangle$。

　　（2）颜色信息和位置信息纠缠在一起，实现了像素位置信息和颜色信息之间的对应关系。

　　以灰度图像为例，该模型仅用 $2n+1$ 个量子比特就可以表示一幅大小为 $2^n\times2^n$ 的量子图像，而经典图像处理中则需要 $2^n\times2^n\times8\,\mathrm{bit}$。FRQI 模型非常灵活，因为像素的位置信息被编码成计算基态，这样，颜色的呈现将影响图像的量子表示。例如，逐行和基于块的寻址方式都是常用的编码机制，但是应用不同寻址方式确定的像素的坐标将会不同，则对应的量子图像表达式也会不同。

　　量子计算中，计算机往往是在准备好的状态下进行初始化的。因此，将量子计算机从初始状态转换为所需的量子状态的准备过程是十分必要的。在量子计算中使

用的所有变换都是酉矩阵描述的酉变换，量子力学确保了图像制备过程中存在此类
幺正变换。FRQI 模型在量子图像表示模型的研究历程中具有里程碑式的意义。2013
年，FRQI 模型的发明团队将该模型扩展到彩色图像，位置信息的表示形式不变，
颜色信息从原本的灰度信息扩展为彩色信息，分别用 3 个量子比特表示 RGB 三原
色，将用到的量子比特总数扩展到 $2n+3$。但是上述图像表示模型还是没能突破适
用图像的尺寸限制，仍要求所表示的图像长宽相等且为 2 的指数次幂。

2.1.5　NEQR 模型

　　FRQI 模型的优点在于使用量子比特序列的叠加来存储所有像素的位置信息，
从而可以对所有像素同时进行操作；其缺点主要在于仅使用单个量子比特来存储每
个像素的灰度信息。为了改进 FRQI 模型，Zhang 等[5]提出了 NEQR 模型，使用两
个纠缠的量子比特序列来存储灰度信息和位置信息，并将整个图像存储在两个量子
比特序列的叠加态中。NEQR 模型位置信息的表示与 FRQI 模型相同；而颜色信息
改进为用 q 个量子比特表示，q 表示图像色深度，即图像最多可以表示 2^q 种颜色。
这一改进使 NEQR 模型可以更方便地对图像颜色信息进行精细操作，整个图像用
$2n+q$ 个量子比特表示。使用 NEQR 模型进行量子图像表示时，一个 $2^n \times 2^n$ 的量子
图像 I 可以表示为

$$|I\rangle = \frac{1}{2^n} \sum_{i=0}^{2^n-1} |c_i\rangle \otimes |i\rangle$$

$$|c_i\rangle = \left| c_i^{q-1} \cdots c_i^1 c_i^0 \right\rangle, \quad c_i^k \in \{0,1\}, \ k = q-1, \cdots, 1, 0$$

$$|i\rangle = |y\rangle |x\rangle = \left| y_{n-1} y_{n-2} \cdots y_0 \right\rangle \left| x_{n-1} x_{n-2} \cdots x_0 \right\rangle, \quad |y_i\rangle |x_i\rangle \in \{0,1\} \tag{2.7}$$

其中，二值序列 $\left| c_i^{q-1} \cdots c_i^1 c_i^0 \right\rangle$ 表示图像颜色信息（即灰度），图像最多可以表示 2^q 种
颜色。NEQR 模型与 FRQI 模型的明显区别在图像的颜色信息表示部分，NEQR 模
型使用量子比特序列的基态来表示像素的灰度，而 FRQI 模型使用的是单个量子比
特的概率幅度。由于量子比特序列的不同基态是正交的，因此 NEQR 模型可以区
分不同的灰度。

　　以一个大小为 2×2 的图像（色深度为 8 bit）为例进行说明，其 NEQR 模型表
示如图 2-4 所示。

10011001 00	01100110 01
00110011 10	11001100 11

图 2-4　NEQR 模型表示

图 2-4 中，每个方块表示一个像素，每个方块内第一行表示颜色信息，第 2 行表示位置信息，颜色信息和位置信息均以二进制形式给出。则该图像可表示为

$$|I\rangle = \frac{1}{2}[|10011001\rangle \otimes |00\rangle + |01100110\rangle \otimes |01\rangle +$$
$$|00110011\rangle \otimes |10\rangle + |11001100\rangle \otimes |11\rangle] \qquad (2.8)$$

这里以图 2-4 所示的图像为例，简单介绍 NEQR 量子图像的制备过程。该图像用 10 个量子比特表示，其中，8 个量子比特表示颜色信息，一个量子比特表示 Y 轴坐标，一个量子比特表示 X 轴坐标。在制备该图像前，需要准备 10 个量子比特，初值均为 $|0\rangle$。

首先，使用两个阿达马（Hadamard）门将表示坐标的两个量子比特变为 $|0\rangle$ 和 $|1\rangle$ 等概率出现的叠加态。然后，根据需要使用若干个 2-CNOT 门设置对应像素的颜色信息，同时将位置信息和颜色信息纠缠在一起。设置颜色信息时，如果 $c_i^k = 0$，由于量子比特的初态为 $|0\rangle$，此时不需要进行任何操作；如果 $c_i^k = 1$，则需要使用 2-CNOT 门进行比特翻转操作将 $|0\rangle$ 变为 $|1\rangle$。制备上述量子图像的量子线路如图 2-5 所示。

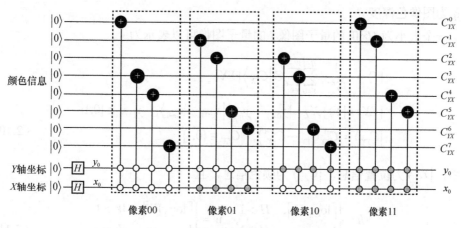

图 2-5　制备量子图像的量子线路

从上述分析可知，NEQR 模型仍未突破适用图像的尺寸限制。Jiang 等[8]在 NEQR 模型的基础上进行改进，提出了 INEQR（Improved NEQR）模型。与 NEQR 模型相比，INEQR 模型中颜色信息的表示方式并未改变，而位置信息的表示方式则改为用 n_1 个量子比特表示 Y 轴坐标，用 n_2 个量子比特表示 X 轴坐标，由此将表示大小为 $2^n \times 2^n$ 的图像的 NEQR 模型改进为表示大小为 $2^{n_1} \times 2^{n_2}$ 的图像的 INEQR 模型，如式（2.9）所示。

$$|I\rangle = \frac{1}{2^{\frac{n_1+n_2}{2}}} \sum_{Y=0}^{2^{n_1}-1} \sum_{X=0}^{2^{n_2}-1} |f(Y,X)\rangle |YX\rangle = \frac{1}{2^{\frac{n_1+n_2}{2}}} \sum_{Y=0}^{2^{n_1}-1} \sum_{X=0}^{2^{n_2}-1} \sum_{i=0}^{q-1} |C_{YX}^i\rangle |YX\rangle$$

$$|YX\rangle = |Y\rangle |X\rangle = |y_0 y_1 \cdots y_{n_1-1}\rangle |x_0 x_1 \cdots x_{n_2-1}\rangle, y_i, x_i \in \{0,1\} \quad (2.9)$$

INEQR 模型虽然不再要求图像的横、纵坐标数量相等，但仍要求二者数量为 2 的指数次幂。

Zhou 等[9]提出了一种与 NEQR 模型等效的量子灰度图像表示（QGIE）模型，用一个量子比特序列表示颜色信息，另一量子比特序列表示位置信息。

2.1.6 GQIR 模型

广义量子图像表示（GQIR）模型[10]可以表示任意大小和任意色深度的图像。

GQIR 模型从 NEQR 模型扩展而来，它突破了适用图像的尺寸限制，将适用图像尺寸从 $2^n \times 2^n$ 扩展为任意尺寸 $H \times W$，所需量子比特数为 $\log_2 H + \log_2 W + q$，其中 q 为图像色深度。

一个大小为 $H \times W$ 的量子图像 I 的量子图像可以表示为

$$|I\rangle = \frac{1}{\sqrt{2}^{h+w}} \sum_{Y=0}^{H-1} \sum_{X=0}^{W-1} \bigotimes_{i=0}^{q-1} |C_{YX}^i\rangle |YX\rangle$$

$$|YX\rangle = |Y\rangle |X\rangle = |y_0 y_1 \cdots y_{h-1}\rangle |x_0 x_1 \cdots x_{w-1}\rangle, \quad y_i, x_i \in \{0,1\}$$

$$|C_{YX}\rangle = |C_{YX}^0 C_{YX}^1 \cdots C_{YX}^{q-1}\rangle, \quad C_{YX}^i \in \{0,1\} \quad (2.10)$$

其中，$|YX\rangle$ 为位置信息，$|C_{YX}\rangle$ 为颜色信息，且

$$h = \begin{cases} \lceil \log_2 H \rceil, & H > 1 \\ 1, & H = 1 \end{cases}, \quad w = \begin{cases} \lceil \log_2 W \rceil, & W > 1 \\ 1, & W = 1 \end{cases} \quad (2.11)$$

在实际应用中，GQIR 模型用 $h = \lceil \log_2 H \rceil$ 个量子比特表示 Y 轴坐标，用 $w = \lceil \log_2 W \rceil$ 个量子比特表示 X 轴坐标，然而会产生 $(2^h - H)$ 行和 $(2^w - W)$ 列的冗余信息，而冗余信息的产生是二进制运算的特性导致的，是不可避免的。例如，如果使用二进制编码表示 5 个字符，则编码长度为 $\lceil \log_2 5 \rceil = 3$，其中，只有 000、001、010、011、100 是有用的，剩余编码 101、110、111 都是不可避免的冗余信息。

由于 Hadamard 门作用于量子态 $|0\rangle$ 上可以等概率地将量子态变成 $|0\rangle$ 和 $|1\rangle$，因此 $h+w$ 个量子比特可以产生 $2^h \times 2^w$ 的空白图像，将它理解为一个大小为 $2^h \times 2^w$ 的盒子，此盒子中只有 $H \times W$ 个像素是有效的，其他 $2^h \times 2^w - H \times W$ 个像素是冗余信息。我们规定图像放在盒子的左上角，所有的冗余信息位的数据都存储为 $|0\rangle$ 态。GQIR 模型示意如图 2-6 所示。

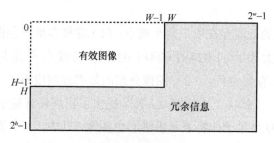

图 2-6　GQIR 模型示意

整个盒子可以表示为

$$|B\rangle = |I\rangle + \frac{1}{\sqrt{2}^{h+w}} \left(\sum_{Y \in \{H, \cdots, 2^h-1\} \text{ or } X \in \{W, \cdots, 2^w-1\}} \bigotimes_{i=0}^{q-1} |0\rangle |YX\rangle \right) \tag{2.12}$$

以一个简单图像为例，图像尺寸为 1×3，即 $h=1$，$w = \lceil \log_2 3 \rceil = 2$。图像的色深度为 8 bit，即 $q=8$。简单图像的 GQIR 模型表示如图 2-7 所示，其表达式如式(2.13)所示。

	00	01	10
0	0	128	255

图 2-7　简单图像的 GQIR 模型表示

$$|I\rangle = \frac{1}{\sqrt{2}^3} \left(|00000000\rangle \otimes |000\rangle + |10000000\rangle \otimes |001\rangle + |11111111\rangle \otimes |010\rangle \right) \tag{2.13}$$

需要注意的是，由于冗余像素不参与图像运算，因此使用 GQIR 模型时，只写出有效像素部分 $|I\rangle$ 即可，不需要写出整个盒子 $|B\rangle$。

GQIR 模型不仅可以表示灰度图像，也可以表示 24 位彩色图像，当 $q=24$ 时，红、绿、蓝三原色分别表示为

$$|R\rangle = \left|C_{YX}^0 \cdots C_{YX}^7\right\rangle, \quad |G\rangle = \left|C_{YX}^8 \cdots C_{YX}^{15}\right\rangle, \quad |B\rangle = \left|C_{YX}^{16} \cdots C_{YX}^{23}\right\rangle \quad (2.14)$$

对比 NEQR 模型与 GQIR 模型可以发现，NEQR 模型是 GQIR 模型在 $H=W=2^n$ 时的特殊情况。

2.1.7 NAQSS 模型

多维彩色图像的处理存在以下两个难点：（1）存储多维彩色图像需要大量的存储空间，例如，大小为 1 024×1 024×1 024 的三维彩色图像需要 1 024 bit×1 024 bit×1 024 bit 存储空间；（2）图像分割的效率或精度不够高，无法进行基于内容的图像搜索。为了解决上述问题，Li 等[11]提出了正规任意量子叠加态（NAQSS）模型，可以用 $(n+1)$ 个量子比特表示多维彩色图像，其中，n 个量子比特表示 2^n 个像素的颜色信息和位置信息（例如，仅用 30 个量子比特就可表示大小为 1 024×1 024×1 024 的三维彩色图像），剩余的一个量子比特表示图像分割信息，以提高图像分割的准确性。

设图像颜色的取值范围为 $0 \sim M-1$，则图像 I 用 NAQSS 模型表示为

$$|I\rangle = \sum_{i=0}^{2^n-1} \theta_i |i\rangle |\chi_i\rangle$$

$$|i\rangle = |v_1\rangle |v_2\rangle \cdots |v_k\rangle$$

$$\theta_i = \frac{a_i}{\sqrt{\sum_{t=0}^{2^n-1} a_t^2}}, a_i \in \{\phi_0, \phi_1, \cdots, \phi_{M-1}\}, \phi_j = \frac{\pi}{2} \cdot \frac{j}{M}$$

$$|\chi_i\rangle = \cos \gamma_i |0\rangle + \sin \gamma_i |1\rangle, \gamma_i \in \{\beta_0, \beta_1, \cdots, \beta_{m-1}\}, \beta_l = \frac{\pi}{2} \cdot \frac{l}{m} \quad (2.15)$$

其中，$|i\rangle$ 为 k 维坐标信息，$|v_i\rangle$ 为第 i 维坐标，$|v_1\rangle |v_2\rangle \cdots |v_k\rangle$ 共有 n 个量子比特，可以表示全部 2^n 个像素信息；$|\chi_i\rangle$ 表示图像分割信息，假设图像分为 m 个子图像，

且 $\gamma_i = \beta_i$ ，则 $|x_i\rangle$ 表示像素 $|i\rangle$ 属于第 l 个子图像； θ_i 为颜色信息。使用这种方法创建一个双射函数 F_1 ，它在颜色和角度之间建立了一一对应的关系，即

$$F_1 = \text{Color} \leftrightarrow \phi \qquad (2.16)$$

其中， $\text{Color} = \{\text{color}_1, \text{color}_2, \cdots, \text{color}_M\}$ ， color_i 对应有序的 M 种颜色中的第 i 种， $\phi = \{\phi_1, \phi_2, \cdots, \phi_M\}$ ， $\phi_i = \dfrac{\pi(i-1)}{2(M-1)}, i \in \{1, 2, \cdots, M\}$ 。对于灰度图像， $M = 256$ ，颜色按灰度值升序排列。例如， color_1 和 color_{256} 分别对应灰度值 0 和 255。需要注意的是，与 FRQI、NEQR 等模型不同，NAQSS 模型的颜色信息并不记录在量子比特中，而是用 $|i\rangle$ 出现的概率表示，因此必须满足 $\sum\limits_{i=0}^{2^n-1} \theta_i^2 = 1$ 。

对于表示颜色信息和位置信息的 n 个量子比特 $|i\rangle$ ，出现量子态 $|000\cdots0\rangle$ 的概率为 θ_0 ，出现量子态 $|000\cdots1\rangle$ 的概率为 θ_1 ，依此类推，直到出现量子态 $|111\cdots1\rangle$ 的概率为 θ_{2^n-1} 。也就是说，对 n 个量子态进行测量之后，出现量子态 $|000\cdots0\rangle$ 的概率 θ_0 为位置 0 的颜色，出现量子态 $|000\cdots1\rangle$ 的概率 θ_1 为位置 1 的颜色，依此类推。

2.1.8　QRCI 模型

2019 年，Wang 等[12]提出了彩色数字图像的量子表示（QRCI）模型。假设有一幅大小为 $2^n \times 2^n$ ，R、G、B 这 3 个颜色通道的取值均为 $\{0, 1, \cdots, 2^q-1\}$ （ q 为每个颜色通道的色深度）的彩色数字图像。将其 R 通道记为

$$R = (R_{YX})_{2^n \times 2^n} \qquad (2.17)$$

其中， $R_{YX} \in \{0, 1, \cdots, 2^q-1\}$ 。进一步地，当像素位置 (Y, X) 给定时，若将 R 通道在第 $L(L \in \{0, 1, \cdots, q-1\})$ 个位平面上的二值信息记为 R_{LYX} ，则有

$$R_{YX} = \sum_{L=0}^{q-1} R_{LYX} \times 2^L \qquad (2.18)$$

此时称 $(R_{LYX})_{2^n \times 2^n}$ 是 R 通道在第 L 个位平面上的投影二值图像。类似地，G 通道和 B 通道在第 L 个位平面上的投影分别为 $(G_{LYX})_{2^n \times 2^n}$ 和 $(B_{LYX})_{2^n \times 2^n}$ 。于是，R、G、B 这 3 个颜色通道在第 L 个位平面上的投影可表示为

$$(C_L(Y,X))_{2^n \times 2^n} = (R_{LYX}, G_{LYX}, B_{LYX})_{2^n \times 2^n} \quad (2.19)$$

其中，$|R_{LYX}\rangle, |G_{LYX}\rangle, |B_{LYX}\rangle \in \{|0\rangle, |1\rangle\}$。由于位平面序号 L 的取值为 $\{0,1,\cdots,q-1\}$，进而可以利用二进制字符串 $L_{l-1}L_{l-2}\cdots L_0$ 完全编码 L 的取值，其中 l 的计算式为

$$l = \begin{cases} \lceil \log_2 q \rceil, & q > 1 \\ 1, & q = 1 \end{cases} \quad (2.20)$$

同理，可分别用二进制字符串 $Y_{n-1}Y_{n-2}\cdots Y_0$ 和 $X_{n-1}X_{n-2}\cdots X_0$ 完全编码像素位置 Y 和 X 的取值。于是，当第 L 个位平面上的像素位置 (Y,X) 给定时，在量子域里，可用计算基态 $|C_L(Y,X)\rangle \otimes |L\rangle \otimes |YX\rangle$ 对其进行编码，其中，有

$$|C_L(Y,X)\rangle = |R_{LYX}\rangle \otimes |G_{LYX}\rangle \otimes |B_{LYX}\rangle$$
$$|R_{LYX}\rangle, |G_{LYX}\rangle, |B_{LYX}\rangle \in \{|0\rangle, |1\rangle\}, L \in \{0,1,\cdots,q-1\}, Y, X \in \{0,1,\cdots,2^n-1\} \quad (2.21)$$

QRCI 模型可以将上述彩色数字图像表示为由计算基态叠加生成的纠缠态，具体表示如下

$$|I\rangle = \frac{1}{\sqrt{2^{2n+l}}} \sum_{L=0}^{q-1} \sum_{Y=0}^{2^n-1} \sum_{X=0}^{2^n-1} |C_L(Y,X)\rangle \otimes |L\rangle \otimes |YX\rangle =$$
$$\frac{1}{\sqrt{2^{2n+l}}} \sum_{L=0}^{q-1} \sum_{Y=0}^{2^n-1} \sum_{X=0}^{2^n-1} |R_{LYX}G_{LYX}B_{LYX}\rangle \otimes |L\rangle \otimes |YX\rangle \quad (2.22)$$

其中，有

$$|L\rangle = |L_{l-1}L_{l-2}\cdots L_0\rangle$$
$$|YX\rangle = |Y\rangle|X\rangle = |Y_{n-1}Y_{n-2}\cdots Y_0\rangle|X_{n-1}X_{n-2}\cdots X_0\rangle \quad (2.23)$$

其中，$|R_{LYX}G_{LYX}B_{LYX}\rangle$ 为编码彩色数字图像 RGB 颜色通道在位平面上的二值信息的 3-qubit 计算基态，$|L\rangle$ 为编码位平面序信息的 l-qubit 计算基态，$|YX\rangle$ 为编码像素位置信息的 $2n$-qubit 计算基态，$|R_{LYX}G_{LYX}B_{LYX}\rangle$ 和 $|L\rangle$ 共同编码彩色数字图像的颜色信息，$\frac{1}{\sqrt{2^{2n+l}}}$ 为归一化因子。QRCI 模型共需要使用 $2n+l+3$ 个纠缠量子比特编码一幅大小为 $2^n \times 2^n$、RGB 颜色通道的取值为 $\{0,1,\cdots,2^q-1\}$ 的彩色数字图像，并将该图像表示为由 $q \times 2^{2n}$ 个计算基态叠加生成的纠缠量子态。$2n+l+3$ 个纠缠量子比特的态空间的维数为 2^{2n+l+3}，即该空间共有 2^{2n+l+3} 个计算

基态，且 $q \le 2^l$。当 $q = 2^l$ 时，即 $l = \log_2 q$，有 $\frac{2^{2n}q}{2^{2n+l+3}} = \frac{1}{8}$。因此，QRCI 模型将一幅彩色数字图像表示为一个由部分计算基态叠加生成的纠缠量子态，其中参与叠加的计算基态占全部计算基态的 $\frac{1}{8}$。需要注意的是，当 $q < 2^l$ 时，即 $\log_2 q < l$，存储过程中将会产生 $2^{2n}(2^l - q)$ 个冗余基态。这种冗余信息是由二进制运算的特性造成的，是不可避免的。例如，如果用二进制编码的形式表示 6 个字符，编码长度为 $\lceil \log_2 6 \rceil = 3$，其中，只有 000、001、010、011、100 和 101 是有用的，而 110 和 111 是冗余部分。此时，QRCI 模型使用的计算基态不足全部计算基态的 $\frac{1}{8}$。QRCI 模型的量子线路如图 2-8 所示。

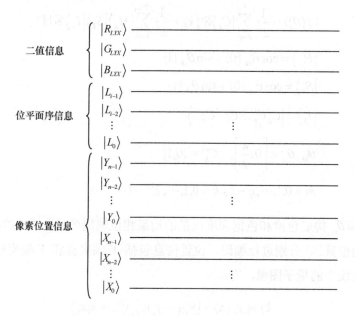

图 2-8　QRCI 模型的量子线路

2.1.9　QIRHSI 模型

在经典图像处理领域，人们提出了各种颜色空间的定义以满足不同的应用需求，如 RGB 颜色空间、HSI 颜色空间和 CMY 颜色空间。其中，HSI 颜色空间用于描述人眼感知的颜色[2]。

基于 HSI 颜色空间的量子图像表示（QIRHSI）模型[13]集成了 FRQI 模型和 NEQR 模型的优点。一方面，与多通道 FRQI（MCQI）模型[14]相比，QIRHSI 模型更适合通过二进制量子比特序列处理与亮度信息有关的图像。另一方面，与基于 RGB 颜色空间（需要 24 个量子比特）的三通道 NEQR（NCQI）[15]模型相比，QIRHSI 模型在色度和色饱和度通道中需要的存储空间更少（需要 10 个量子比特）。

任何彩色图像都可以在色度（H）、色饱和度（S）和亮度（I）通道中分解。假设彩色图像的亮度范围是 $\left[0, 2^q - 1\right]$，二进制序列 $C_k^0 C_k^1 \cdots C_k^{q-1}$ 对位置 k 的亮度值 I_k 进行编码，可表示为

$$|I(\theta)\rangle = \frac{1}{2^n} \sum_{k=0}^{2^{2n}-1} |C_k\rangle \otimes |k\rangle = \frac{1}{2^n} \sum_{k=0}^{2^{2n}-1} |H_k\rangle |S_k\rangle |I_k\rangle \otimes |k\rangle$$

$$|H_k\rangle = \cos\theta_{hk} |0\rangle + \sin\theta_{hk} |1\rangle$$

$$|S_k\rangle = \cos\theta_{sk} |0\rangle + \sin\theta_{sk} |1\rangle$$

$$|I_k\rangle = \left| C_k^0 C_k^1 \cdots C_k^{q-2} C_k^{q-1} \right\rangle$$

$$\theta_{hk}, \theta_{sk} \in \left[0, \frac{\pi}{2}\right], \quad C_k^m \in \{0,1\}$$

$$m = 0,1,\cdots,q-1 , \ k = 0,1,\cdots,2^{2n}-1 \tag{2.24}$$

其中，θ_{hk} 和 θ_{sk} 构成色度和色饱和度向量的初级相位编码信息。$|C_k\rangle$ 的颜色信息和相应像素的位置 $|k\rangle$ 分别进行编码。位置信息包括 X 轴坐标和 Y 轴坐标。考虑 $2n$ 量子比特系统中的量子图像，有

$$|k\rangle = |y\rangle |x\rangle = |y_{n-1} \cdots y_1 y_0\rangle |x_{n-1} \cdots x_1 x_0\rangle$$

$$y,x \in \left\{0,1,\cdots,2^n-1\right\}$$

$$|y_j\rangle, |x_j\rangle \in \{|0\rangle, |1\rangle\}, j = 0,1,\cdots,n-1 \tag{2.25}$$

这里 $|y\rangle = |y_{n-1} \cdots y_1 y_0\rangle$ 沿 Y 轴和 $|x\rangle = |x_{n-1} \cdots x_1 x_0\rangle$ 沿 X 轴对第二个 n 量子比特进行编码。在量子计算中，计算机通常是在准备好的状态下进行初始化的。因此，将初始态转换为所需量子态的准备过程是必要的。一个大小为 2×2 的图像的 QIRHSI 模型表示和量子线路如图 2-9 所示，其计算式如式（2.26）所示。

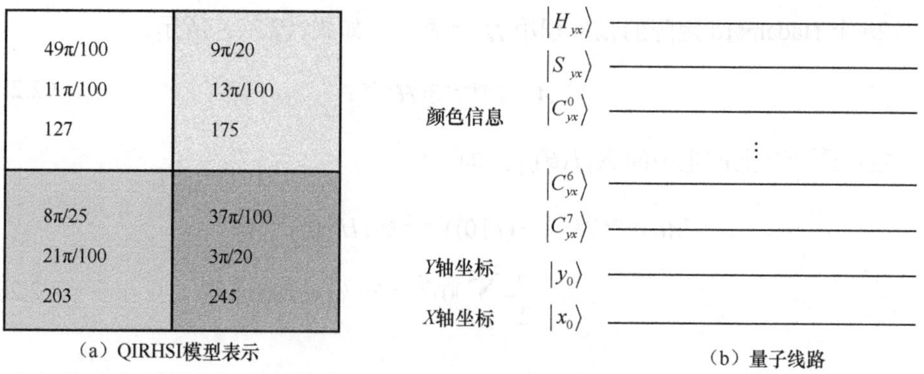

49π/100　9π/20	
11π/100　13π/100	
127　175	
8π/25　37π/100	
21π/100　3π/20	
203　245	

（a）QIRHSI模型表示　　　　　　　　　　　　　　（b）量子线路

图 2-9　QIRHSI 模型表示和量子线路

$$|I(\theta)\rangle = \frac{1}{2}\left(\cos\frac{49\pi}{100}|0\rangle + \sin\frac{49\pi}{100}|1\rangle\right)\left(\cos\frac{11\pi}{100}|0\rangle + \sin\frac{11\pi}{100}|1\rangle\right)|01111111\rangle \otimes |00\rangle +$$

$$\frac{1}{2}\left(\cos\frac{8\pi}{25}|0\rangle + \sin\frac{8\pi}{25}|1\rangle\right)\left(\cos\frac{21\pi}{100}|0\rangle + \sin\frac{21\pi}{100}|1\rangle\right)|11001011\rangle \otimes |10\rangle +$$

$$\frac{1}{2}\left(\cos\frac{9\pi}{20}|0\rangle + \sin\frac{9\pi}{20}|1\rangle\right)\left(\cos\frac{13\pi}{100}|0\rangle + \sin\frac{13\pi}{100}|1\rangle\right)|10101111\rangle \otimes |01\rangle +$$

$$\frac{1}{2}\left(\cos\frac{37\pi}{100}|0\rangle + \sin\frac{37\pi}{100}|1\rangle\right)\left(\cos\frac{3\pi}{20}|0\rangle + \sin\frac{3\pi}{20}|1\rangle\right)|11110101\rangle \otimes |11\rangle \qquad (2.26)$$

图 2-10 描述了 QIRHSI 模型中从初始态 $|0\rangle^{\otimes 2n+q+2}$ 转换至量子态的工作流程，分为 3 个步骤，具体如下。

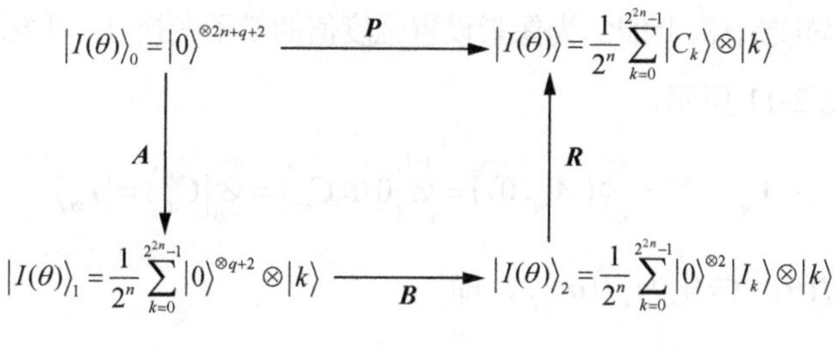

图 2-10　从初始态转换至量子态的工作流程

步骤 1　给定两个单量子比特门，即二维单位矩阵 $\boldsymbol{I}$ 和二维 Hadamard 矩阵 $\boldsymbol{H}$，分别表示为

$$\boldsymbol{I} = \begin{pmatrix} 1 & 0 \\ 0 & 1 \end{pmatrix}, \quad \boldsymbol{H} = \frac{1}{\sqrt{2}}\begin{pmatrix} 1 & 1 \\ 1 & -1 \end{pmatrix}$$

$2n$ 个 Hadamard 矩阵的张量积用 $\boldsymbol{H}^{\otimes 2n}$ 表示，如式（2.27）所示。

$$A = \boldsymbol{I}^{\otimes q+2} \otimes \boldsymbol{H}^{\otimes 2n} \qquad (2.27)$$

在 $|0\rangle^{\otimes 2n+q+2}$ 上产生中间态 $|I(\theta)\rangle_1$，即

$$A(|0\rangle^{\otimes 2n+q+2}) = (I|0\rangle)^{\otimes q+2} \otimes (H|0\rangle)^{\otimes 2n} =$$
$$\frac{1}{2^n} \sum_{k=0}^{2^{2n}-1} |0\rangle^{\otimes q+2} \otimes |k\rangle = |I(\theta)\rangle_1 \qquad (2.28)$$

步骤 2 为每个像素设置颜色值。处于中间态 $|I(\theta)\rangle_1$ 时，所有的像素都被存储到模型中的一个量子比特序列的叠加中。对于像素 m，量子操作 B_m 表示为

$$B_m = \boldsymbol{I}^{\otimes q+2} \otimes \sum_{k=0,k\neq m}^{2^{2n}-1} |k\rangle\langle k| + \boldsymbol{I}^{\otimes 2} \otimes \Lambda_m \otimes |m\rangle\langle m| \qquad (2.29)$$

其中，Λ_m 是像素 m 的强度值设置操作，并且

$$\Lambda_m = \bigotimes_{i=0}^{q-1} \Lambda_m^i \qquad (2.30)$$

由于 QIRHSI 模型中 q 个量子比特表示强度值，因此 Λ_m 由 q 个量子比特组成，如式（2.31）所示

$$\Lambda_m^i : |0\rangle \rightarrow |0 \oplus C_m^i\rangle \qquad (2.31)$$

Λ_m^i 是量子异或运算。因此，为像素设置强度值的量子变换 Λ_m 可表示为式（2.32），其量子线路如图 2-11 所示。

$$\Lambda_m |0\rangle^{\otimes q} = \bigotimes_{i=0}^{q-1} \left(\Lambda_m^i |0\rangle \right) = \bigotimes_{i=0}^{q-1} |0 \oplus C_m^i\rangle = \bigotimes_{i=0}^{q-1} |C_m^i\rangle = |I_m\rangle \qquad (2.32)$$

将中间态 $|I(\theta)\rangle_1$ 转化为 $|I(\theta)\rangle_2$，即

$$B_m(|I(\theta)\rangle_1) = \frac{1}{2^n} B_m \left\{ \sum_{k=0,k\neq m}^{2^{2n}-1} |0\rangle^{\otimes q+2} \otimes |k\rangle + |0\rangle^{\otimes q+2} \otimes |m\rangle \right\} =$$
$$\frac{1}{2^n} \left\{ \sum_{k=0,k\neq m}^{2^{2n}-1} (I|0\rangle)^{\otimes q+2} \otimes |k\rangle + (I|0\rangle)^{\otimes 2} (\Lambda_m|0\rangle^{\otimes q}) \otimes |m\rangle \right\} =$$
$$\frac{1}{2^n} \left\{ \sum_{k=0,k\neq m}^{2^{2n}-1} |0\rangle^{\otimes q+2} \otimes |k\rangle + |0\rangle^{\otimes 2} |I_m\rangle \otimes |m\rangle \right\} \qquad (2.33)$$

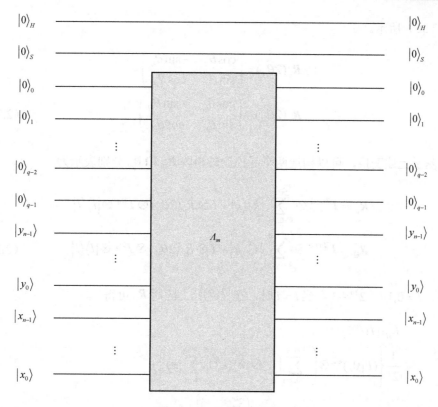

图 2-11　$\varLambda_m$ 的量子线路

应用式（2.29）两次，可得

$$B_l B_m (|I(\theta)\rangle_1) = \frac{1}{2^n}\left\{ \sum_{k=0, k\neq m,l}^{2^{2n}-1} (I|0\rangle)^{\otimes q+2} \otimes |k\rangle + (I|0\rangle)^{\otimes 2}(\varLambda_m|0\rangle^{\otimes q}) \otimes |m\rangle + \right.$$

$$\left. (I|0\rangle)^{\otimes 2}(\varLambda_l|0\rangle^{\otimes q}) \otimes |l\rangle \right\} =$$

$$\frac{1}{2^n}\left\{ \sum_{k=0, k\neq m,l}^{2^{2n}-1} |0\rangle^{\otimes q+2} \otimes |k\rangle + |0\rangle^{\otimes 2}|I_m\rangle \otimes |m\rangle + |0\rangle^{\otimes 2}|I_l\rangle \otimes |l\rangle \right\} \quad (2.34)$$

由此可得

$$B(|I(\theta)\rangle_1) = \left(\prod_{k=0}^{2^{2n}-1} B_k \right)(|I(\theta)\rangle_1) = |I(\theta)\rangle_2 \quad (2.35)$$

步骤 3　考虑两个旋转操作符（关于 Y 轴的旋转角度分别为 $2\theta_{sl}$ 和 $2\theta_{hl}$），如式（2.36）所示。

$$\boldsymbol{R}_y(2\theta_{sl}) = \begin{pmatrix} \cos\theta_{sl} & -\sin\theta_{sl} \\ \sin\theta_{sl} & \cos\theta_{sl} \end{pmatrix}$$

$$\boldsymbol{R}_y(2\theta_{hl}) = \begin{pmatrix} \cos\theta_{hl} & -\sin\theta_{hl} \\ \sin\theta_{hl} & \cos\theta_{hl} \end{pmatrix} \tag{2.36}$$

基于上述变换，可以构造两个受控旋转矩阵 $\boldsymbol{R}_{sl}$ 和 $\boldsymbol{R}_{hl}$ 分别表示为

$$\boldsymbol{R}_{sl} = \boldsymbol{I}^{\otimes q+2} \otimes \sum_{k=0,k\neq l}^{2^{2n}-1} |k\rangle\langle k| + \boldsymbol{I} \otimes R_y(2\theta_{sl}) \otimes \boldsymbol{I}^{\otimes q} \otimes |l\rangle\langle l|$$

$$\boldsymbol{R}_{hl} = \boldsymbol{I}^{\otimes q+2} \otimes \sum_{k=0,k\neq l}^{2^{2n}-1} |k\rangle\langle k| + \boldsymbol{I} \otimes R_y(2\theta_{hl}) \otimes \boldsymbol{I}^{\otimes q} \otimes |l\rangle\langle l| \tag{2.37}$$

其中，$l = 0,1,\cdots,2^{2n}-1$。当 $l = i$ 时，在 $|I(\theta)\rangle_2$ 上应用 $\boldsymbol{R}_{si}$ 可得

$$\boldsymbol{R}_{si}(|I(\theta)\rangle_2) =$$
$$\frac{1}{2^n}\left\{ (I|0\rangle)^{\otimes 2} \otimes \left(\sum_{k=0,k\neq i}^{2^{2n}-1} |I_k\rangle\otimes|k\rangle\langle k| \right)\left(\sum_{k=0}^{2^{2n}-1} |k\rangle \right) + \right.$$
$$\left. |0\rangle\left(R_y(2\theta_{si})|0\rangle\right)|I_i\rangle\otimes|i\rangle\langle i|\left(\sum_{k=0}^{2^{2n}-1} |k\rangle \right) \right\} =$$
$$\frac{1}{2^n}\left\{ |0\rangle^{\otimes 2} \otimes \left(\sum_{k=0,k\neq i} |I_k\rangle\otimes|k\rangle \right) + |0\rangle(\cos\theta_{si}|0\rangle + \sin\theta_{si}|1\rangle)|I_i\rangle\otimes|i\rangle \right\} =$$
$$\frac{1}{2^n}\left\{ |0\rangle^{\otimes 2} \otimes \left(\sum_{k=0,k\neq i} |I_k\rangle\otimes|k\rangle \right) + |0\rangle|S_i\rangle|I_i\rangle\otimes|i\rangle \right\} \tag{2.38}$$

应用式（2.38）两次可得

$$\boldsymbol{R}_{sj}\boldsymbol{R}_{si}(|I(\theta)\rangle_2) =$$
$$\frac{1}{2^n}\left\{ |0\rangle^{\otimes 2} \otimes \left(\sum_{k=0,k\neq i,j}^{2^{2n}-1} |I_k\rangle\otimes|k\rangle \right) + |0\rangle(\cos\theta_{si}|0\rangle + \sin\theta_{si}|1\rangle)|I_i\rangle\otimes|i\rangle + \right.$$
$$\left. |0\rangle(\cos\theta_{sj}|0\rangle + \sin\theta_{sj}|1\rangle)|I_j\rangle\otimes|j\rangle \right\} =$$
$$\frac{1}{2^n}\left\{ |0\rangle^{\otimes 2} \otimes \left(\sum_{k=0,k\neq i,j}^{2^{2n}-1} |I_k\rangle\otimes|k\rangle \right) + |0\rangle|S_i\rangle|I_i\rangle\otimes|i\rangle + |0\rangle|S_j\rangle|I_j\rangle\otimes|j\rangle \right\} \tag{2.39}$$

由此可得

$$\boldsymbol{R}_s(|I(\theta)\rangle_2) = \left(\prod_{k=0}^{2^{2n}-1} \boldsymbol{R}_{sk}\right)(|I(\theta)\rangle_2) = \frac{1}{2^n}\sum_{k=0}^{2^{2n}-1}|0\rangle|S_k\rangle|I_k\rangle \otimes |k\rangle \tag{2.40}$$

类似地，有

$$\boldsymbol{R}_{hi}(|I(\theta)\rangle_2) =$$
$$\frac{1}{2^n}\left\{ I|0\rangle \otimes \left(\sum_{k=0,k\neq i}^{2^{2n}-1}|S_k\rangle|I_k\rangle \otimes |k\rangle\langle k|\right)\left(\sum_{k=0}^{2^{2n}-1}|k\rangle\right) + \right.$$
$$\left.(R_y(2\theta_{hi})|0\rangle)|S_i\rangle|I_i\rangle \otimes |i\rangle\langle i|\left(\sum_{k=0}^{2^{2n}-1}|k\rangle\right)\right\} =$$
$$\frac{1}{2^n}\left\{|0\rangle \otimes \left(\sum_{k=0,k\neq i}^{2^{2n}-1}|S_k\rangle|I_k\rangle \otimes |k\rangle\right) + \right.$$
$$\left.(\cos\theta_{hi}|0\rangle + \sin\theta_{hi}|1\rangle)|S_i\rangle|I_i\rangle \otimes |i\rangle\right\} =$$
$$\frac{1}{2^n}\left\{|0\rangle \otimes \left(\sum_{k=0,k\neq i}^{2^{2n}-1}|S_k\rangle|I_k\rangle \otimes |k\rangle\right) + |H_i\rangle|S_i\rangle|I_i\rangle \otimes |i\rangle\right\} \tag{2.41}$$

应用式（2.41）两次可得

$$\boldsymbol{R}_{hj}\boldsymbol{R}_{hi}\left(\frac{1}{2^n}\sum_{k=0}^{2^{2n}-1}|0\rangle|S_k\rangle|I_k\rangle \otimes |k\rangle\right) =$$
$$\frac{1}{2^n}\left\{|0\rangle \otimes \left(\sum_{k=0,k\neq i,j}|S_k\rangle|I_k\rangle \otimes |k\rangle\right) + \right.$$
$$(\cos\theta_{hi}|0\rangle + \sin\theta_{hi}|1\rangle)|S_i\rangle|I_i\rangle \otimes |i\rangle +$$
$$\left.(\cos\theta_{hj}|0\rangle + \sin\theta_{hj}|1\rangle)|S_j\rangle|I_j\rangle \otimes |j\rangle\right\} =$$
$$\frac{1}{2^n}\left\{|0\rangle \otimes \left(\sum_{k=0,k\neq t,l}^{2^{2n}-1}|S_k\rangle|I_k\rangle \otimes |k\rangle\right) + |H_i\rangle|S_i\rangle|I_i\rangle \otimes |i\rangle + \right.$$
$$\left.|H_j\rangle|S_j\rangle|I_j\rangle \otimes |j\rangle\right\} =$$
$$\frac{1}{2^n}\left\{|0\rangle \otimes \left(\sum_{k=0,k\neq t,l}^{2^{2n}-1}|S_k\rangle|I_k\rangle \otimes |k\rangle\right) + |C_i\rangle \otimes |i\rangle + |C_j\rangle \otimes |j\rangle\right\} \tag{2.42}$$

由此可得

$$R(\mid I(\theta)\rangle_2) = R_h(R_S(\mid I(\theta)\rangle_2)) = \left(\prod_{k=0}^{2^{2n}-1} R_{hk}\right)(R_S(\mid I(\theta)\rangle_2)) = \mid I(\theta)\rangle \qquad (2.43)$$

因此，酉变换 $P = RBA$ 是将初始态 $\mid 0\rangle^{\otimes 2n+q+2}$ 变成量子态 $\mid I(\theta)\rangle$ 的变换。

2.2　量子图像表示模型分类

近年来，量子图像表示模型不断发展完善，受到经典图像模型启发，量子图像表示模型的目标是利用量子计算以不同的格式和方法将原始图像导入、操作并转换为量子图像。根据图像表示的不同方法，我们可以将量子图像表示模型分为两种，即量子图像颜色模型和量子图像坐标模型。

2.2.1　量子图像颜色模型

经典图像中的 RGB 颜色模型或 HSI 颜色模型表示图像的方法是将颜色信息编码，将这一想法推广到量子图像领域，则可以使用量子比特利用颜色模型对图像内容进行编码。现有量子图像表示模型按照颜色信息不同可分为以下几种：基于二进制的量子图像表示模型、基于灰度的量子图像表示模型、基于 RGB 的量子图像表示模型、基于红外图像的量子图像表示模型。下面分别对其进行说明。

1．基于二进制的量子图像表示模型

量子图像表示模型与经典图像表示模型的发展类似，量子纠缠图像被提出用于存储和检索量子力学系统中的二元几何形状，它利用纠缠态来表示像素，从而可以在不使用任何辅助信息的条件下重建物体的形状。基于二进制的量子图像表示是一种简单的表示形式，易于进行存储、检索等操作，例如，它通常在数字图像处理中作为掩模，或图像分割、阈值计算结果。然而，简单的颜色表示往往具有局限性，这些局限性足以证明越复杂的颜色模型就越需要关注图像中的几何细节和颜色细节。

2．基于灰度的量子图像表示模型

使用二进制编码（0 和 1）仅可描述图像中某些对象的轮廓，而这对于表示灰

度图像远远不够。灰度图像需要更多信息位来表示颜色，即灰度信息，以指示更多的颜色细节。为解决这个问题，FRQI 模型被提出，其将图像的灰度信息和位置信息集成为归一化状态，从而便于进行图像的几何和颜色变换。一个量子比特用于编码颜色信息，从而确保图像内容上的变换可以只针对颜色信息，或者同时针对颜色信息和位置信息。相应地，表示位置信息的特定量子门可以根据需要变换颜色信息。随着量子图像表示模型的不断发展，NEQR 模型被提出。NEQR 模型中，颜色信息是在一个量子比特序列的基态中编码的，因此整个图像存储在两个量子比特序列的叠加中。假设 m 个量子比特用于编码图像中所有可能的灰度，这意味着颜色模型是一个 m 位量子寄存器。基于灰度的量子图像表示模型中，像素的颜色和位置都以基本量子态（而不是以复数作为系数的叠加态）编码，因此颜色信息和位置信息都可以通过有限数量的投影测量来准确检索。此外，图像所表示颜色和位置的数量并不取决于量子系统的实际物理实现，使用该模型可以进行更多类别的、更复杂的图像处理操作。

3. 基于 RGB 的量子图像表示模型

为了有效地模拟人类视觉，三原色 R、G 和 B 的真彩色图像表示是量子图像表示模型的重要发展方向。彩色图像表示要么使用两组量子态，分别表示图像中的 M 种颜色和 N 个像素，要么使用 RGB 信息和具有位置信息（Y 轴和 X 轴）的张量积的不同角度来表示图像。基于 RGB 的量子图像表示不仅可以将图像分离为 R、G 和 B 这 3 个分量，还可以将其分离为额外的 α 通道，这为对图像内容进行更多操作提供了便利。MCQI 模型是 FRQI 模型的扩展，可以对指定的颜色、颜色交换和 α 混合变换进行操作。而 QSMC 模型和 QSNC 模型使用两组量子态，这两组量子态都可以表示图像的灰度和颜色信息，通过在像素坐标集和角度集之间创建双射关系，可以将位置信息编码到量子比特的角度参数中。但是，由于量子测量只提供颜色角度的概率结果，且测量次数有限，QSMC 模型和 QSNC 模型无法准确检索原始图像。因此，需要准备同一量子图像的多个副本，然后根据采样理论应用统计程序，以便在给定精度内估计编码每个像素颜色的量子态的概率振幅。此外，基于 RGB 的量子图像表示模型还可以提供具有可接受压缩比的无损压缩，以及基于量子搜索的图像分割方法，该方法可以应用于灰度图像和彩色图像。

4. 基于红外图像的量子图像表示模型

基于红外图像的量子图像表示模型描述红外成像系统中基于热成像的结果，在黑暗和雾环境中具有视觉能力,它几乎可以在任意环境和天气条件下工作。红外图像处理在卫星传感、导航、气象监测和环境监测等方面有广泛应用。此类模型的原理是从特定频率产生量子态,并使用量子比特的角度参数存储颜色,通过投影概率测量将每个像素的辐射能量值存储在红外图像的简单量子表示模型中,即 SQR 模型。SQR 模型提供了比 Qubit Lattice 模型更多的操作,并且与 FRQI 模型相比,在图像制备过程中使用的量子门更少。此外,SQR 模型可以直接进行一些操作,如全局操作和局部操作。

2.2.2 量子图像坐标模型

本节重点介绍利用不同坐标系捕捉图像信息的量子图像表示模型,包括基于笛卡儿坐标系的量子图像表示模型、基于对数极坐标系的量子图像表示模型、基于多维表示的量子图像表示模型。

1. 基于笛卡儿坐标系的量子图像表示模型

量子图像表示模型起源于基本笛卡儿坐标系,通过平面上呈现图像的内容来模拟人类的视觉感知。Qubit Lattice 模型将每个像素映射到单个量子比特,图像存储在二维量子比特阵列中,不需要任何预处理步骤。而 Real Ket 模型则利用量子比特序列基态的系数来表示每个像素的灰度值,并将图像存储到量子叠加态中。Qubit Lattice 模型和 Real Ket 模型都属于笛卡儿坐标系的量子图像表示模型,更重要的是,其坐标结构有助于图像的基本几何变换。FRQI 模型也属于基于笛卡儿坐标系的量子图像表示模型。

2. 基于对数极坐标系的量子图像表示模型

不同坐标系下的图像表示模型通常会产生不同的操作和应用。在关于基于图像坐标模型的量子图像表示的讨论中,由于需要大量不可逆插值,许多复杂的仿射变换很难实现。在经典图像处理领域,对数极坐标被广泛用于采样方法,在大小为 $2^m \times 2^n$ 的对数极坐标图像中,对数半径和角度方向的采样分辨率分别为 2^m 和 2^n。对数极坐标量子图像表示(QUALPI)模型[16]用于存储和处理对数极坐标下采样的图像。QUALPI 模型可以执行复杂的几何变换,例如,可以有效地执行包括量子中心对称性和量子轴对称性的对称变换,并且通过改变角度方向进行的旋转变换是无损且可逆的。此外,研究者针对对数极坐标图像设计了一种快速旋转不变的量子图像配准算法,利用该算法可以精确地找出两幅量子图像之间的旋转差。

3. 基于多维表示的量子图像表示模型

在三维世界中，物体的三维描述（三维图像）能够提供直观的表示。在数学和物理研究领域，n 维欧几里得空间用于在多维笛卡儿系统中讨论问题或建立模型。NAQSS 模型讨论了在 k 维空间中扩展为 k 个二进制数组的图像的位置信息。NAQSS 模型需要 $n+1$ 个量子比特，其中，n 个量子比特表示 $2n$ 个像素的颜色和坐标，一个量子比特表示图像分割信息，以提高图像分割的准确性。而在 FRQI 模型中，只有图像（不包括额外的分割信息）由 $n+1$ 个量子比特表示。此外，由于颜色和角度之间的双射函数，FRQI 模型在颜色表示方面没有约束（通过调整双射函数，它可以同时表示灰度和 RGB 信息）。

2.3　本章小结

本章介绍了多种量子图像表示模型及其特点与分类。NEQR 模型使用两个纠缠的量子比特序列来存储整个图像，与 FRQI 模型相比，它降低了时间复杂度，提供了更准确的信息检索和更复杂的操作。MCQI 模型是 FRQI 模型的扩展，通过对图像的 RGB 三通道应用不同的操作，进行了更高级的彩色图像处理。QSMC 模型和 QSNC 模型分别使用从颜色和坐标到角度的两个双射函数来表示颜色信息和位置信息，以便能够执行压缩和分割操作。SQR 模型是基于红外图像的量子图像表示模型，其颜色信息（量子态）是由红外辐射能量产生的。NAQSS 模型可以满足多维空间中的图像处理需求，其中通常的位置符号 i 被划分为 k 个二进制展开式，用于表示 k 维空间 V 中的坐标 $(v_1, v_2, \cdots, v_k)$。每种量子图像表示模型都有其各自的特点和优势，在研究图像处理算法的过程中，选择合适的模型并充分发挥其优势是研究者需要考虑的问题。

参考文献

[1]　VENEGAS-ANDRACA S E, BOSE S. Storing, processing, and retrieving an image using quantum mechanics[J]. Quantum Information and Computation, 2003, 5105: 137-147.

[2]　LATORRE J I. Image compression and entanglement[J]. arXiv Preprint, arXiv: quant-ph/0510031.

[3] VENEGAS-ANDRACA S E, BALL J L. Processing images in entangled quantum systems[J]. Quantum Information Processing, 2010, 9(1): 1-11.

[4] LE P Q, DONG F Y, HIROTA K. A flexible representation of quantum images for polynomial preparation, image compression, and processing operations[J]. Quantum Information Processing, 2011, 10(1): 63-84.

[5] ZHANG Y, LU K, GAO Y H, et al. NEQR: a novel enhanced quantum representation of digital images[J]. Quantum Information Processing, 2013, 12(8): 2833-2860.

[6] YUAN S Z, MAO X, XUE Y L, et al. SQR: a simple quantum representation of infrared images[J]. Quantum Information Processing, 2014, 13(6): 1353-1379.

[7] LI H S, ZHU Q X, LAN S, et al. Image storage, retrieval, compression and segmentation in a quantum system[J]. Quantum Information Processing, 2013, 12(6): 2269-2290.

[8] JIANG N, WANG L. Quantum image scaling using nearest neighbor interpolation[J]. Quantum Information Processing, 2015, 14(5): 1559-1571.

[9] ZHOU R G, WU Q, ZHANG M Q, et al. Quantum image encryption and decryption algorithms based on quantum image geometric transformations[J]. International Journal of Theoretical Physics, 2013, 52(6): 1802-1817.

[10] JIANG N, WU W Y, WANG L, et al. Quantum image pseudocolor coding based on the density-stratified method[J]. Quantum Information Processing, 2015, 14(5): 1735-1755.

[11] LI H S, ZHU Q X, ZHOU R G, et al. Multi-dimensional color image storage and retrieval for a normal arbitrary quantum superposition state[J]. Quantum Information Processing, 2014, 13(4): 991-1011.

[12] WANG L, RAN Q, MA J, et al. QRCI: a new quantum representation model of color digital images[J]. Optics Communications, 2019, 438: 147-158.

[13] CHEN G L, SONG X H, VENEGAS-ANDRACA S E, et al. QIRHSI: novel quantum image representation based on HSI color space model[J]. Quantum Information Processing, 2022, 21(1): 5.

[14] SUN B, LE P Q, ILIYASU A M, et al. A multi-channel representation for images on quantum computers using the RGBα color space[C]//Proceedings of 2011 IEEE 7th International Symposium on Intelligent Signal Processing. Piscataway: IEEE Press, 2011: 1-6.

[15] SANG J Z, WANG S, LI Q. A novel quantum representation of color digital images[J]. Quantum Information Processing, 2017, 16(2): 42.

[16] ZHANG Y, LU K, GAO Y H, et al. A novel quantum representation for log-polar images[J]. Quantum Information Processing, 2013, 12(9): 3103-3126.

第 3 章
量子图像处理算法

随着科技的发展和社会的进步，通用量子计算机将在不久的将来与大家见面，信息的主要载体将是量子图像，针对量子图像的处理也将应运而生。为迎接即将到来的量子时代，研究者提出了多种量子图像处理算法。本章将介绍几何变换、色彩处理和图像分割等基础的量子图像处理算法。

3.1 几何变换

本节介绍了基于 n 个量子比特的标准任意叠加态（NASS）[1]实现图像几何变换[2]的量子算法。这些变换（包括两点交换、对称翻转、局部翻转、正交旋转）是使用由基本量子门组成的量子线路来实现的，基本量子门由多项式数量的单量子比特门和两量子比特门构成[3]。复杂性分析表明，全局算子（包括对称翻转、局部翻转、正交旋转）可以用 $O(n)$ 门实现。上述几何变换用于简化量子图像的应用，具有较低的复杂性。

3.1.1 两点交换

k 维图像的两点交换[4] G_{T} 写作

$$G_{\mathrm{T}} = |s\rangle\langle t| + |t\rangle\langle s| + \sum_{i=0, i\neq s, t}^{2^n-1} |i\rangle\langle i| \tag{3.1}$$

其中，$|s\rangle = |v_1^s\rangle|v_2^s\rangle\cdots|v_k^s\rangle$ 和 $|t\rangle = |v_1^t\rangle|v_2^t\rangle\cdots|v_k^t\rangle$ 是两个交换像素的坐标，

$|i\rangle = |v_1\rangle |v_2\rangle \cdots |v_k\rangle$ 是其他像素的坐标。对 NASS 的 k 维彩色图像 $|\psi\rangle_k$ 进行两点交换可表示为

$$G_T(|\psi\rangle_k) = \sum_{i=0}^{2^n-1} \theta_i G_T(|i\rangle) = \theta_s |t\rangle + \theta_t |s\rangle + \sum_{i=0, i\neq s,t}^{2^n-1} \theta_i |i\rangle \tag{3.2}$$

也就是说，G_T 用于交换 k 维彩色图像的两种颜色。我们可以使用格雷码为两点交换 G_T 设计量子线路。假设 s 和 t 是两个不同的二进制数，那么连接 s 和 t 的格雷码是一个二进制数序列，该序列以 s 开始以 t 结束，序列中相邻的二进制数正好相差 1 bit。

为了更清楚地理解用于两点交换的量子线路，本节以 2^n 像素的 k 维彩色图像为例进行说明。假设 NASS 的 k 维彩色图像 $|\psi\rangle_k$ 中 $|s\rangle = 0$ 和 $|t\rangle = |2^n - 1\rangle$ 是两个交换像素的坐标，$g_1, g_2, \cdots, g_{n+1}$ 是格雷码的元素，则可以通过式（3.3）来实现 k 维彩色图像的两点交换，其量子线路如图 3-1 所示。

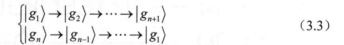

$$\begin{cases} |g_1\rangle \rightarrow |g_2\rangle \rightarrow \cdots \rightarrow |g_{n+1}\rangle \\ |g_n\rangle \rightarrow |g_{n-1}\rangle \rightarrow \cdots \rightarrow |g_1\rangle \end{cases} \tag{3.3}$$

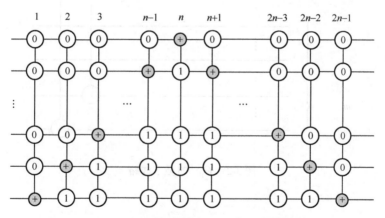

图 3-1　k 维彩色图像的两点交换的量子线路

3.1.2　对称翻转

对于任意向量 $|v\rangle = |j_1 j_2 \cdots j_m\rangle$，定义 $|\overline{v}\rangle = |\overline{j_1}\overline{j_2}\cdots\overline{j_m}\rangle$，其中，$\overline{j_h} = 1 - j_h$，

$h = 1, 2, \cdots, m$。NASS 的 k 维彩色图像 $|\psi\rangle_k$ 沿着 $|v_j\rangle$ 轴对称翻转可表示为 $G_{\mathrm{F}}^{|v_j\rangle}$，即

$$G_{\mathrm{F}}^{|v_j\rangle}(|\psi\rangle_k) = \sum_{i=0}^{2^n-1} \theta_i |\overline{v_1}\rangle \cdots |\overline{v_{j-1}}\rangle |v_j\rangle |\overline{v_{j+1}}\rangle \cdots |\overline{v_k}\rangle \tag{3.4}$$

其中，$|v_1\rangle, \cdots, |v_k\rangle$ 表示在 k 维空间中的 k 个坐标轴。

对称翻转 $G_{\mathrm{F}}^{|v_j\rangle}$ 也可以表示为 $G_{\mathrm{F}}^{|v_j\rangle} = X^{\otimes m_1} \otimes \cdots \otimes X^{\otimes m_{j-1}} \otimes I^{\otimes m_j} \otimes X^{\otimes m_{j+1}} \otimes \cdots \otimes X^{\otimes m_k}$，其中，$X$ 是泡利自旋算符。$G_{\mathrm{F}}^{|v_j\rangle}$ 的量子线路如图 3-2 所示，三维彩色图像对称翻转示例如图 3-3 所示。

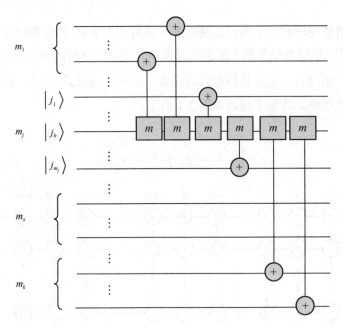

图 3-2　$G_{\mathrm{F}}^{|v_j\rangle}$ 的量子线路

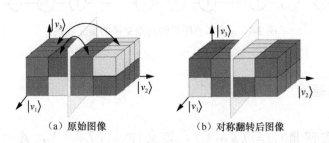

（a）原始图像　　　　　　（b）对称翻转后图像

图 3-3　三维彩色图像对称翻转示例

3.1.3　局部翻转

NASS 的 k 维彩色图像 $|\psi\rangle_k$ 沿着 $|v_x\rangle$ 轴局部翻转可表示为 $G_{\mathrm{LF}}^{|v_x\rangle v(j,h,m)}$，即

$$G_{\mathrm{LF}}^{|v_x\rangle v(j,h,m)}(|\psi\rangle_k) = \sum_{i=0,j_h\neq m}^{2^n-1} \theta_i |v_1\rangle\cdots|v_k\rangle + \sum_{i=0,j_h=m}^{2^n-1} \left(\theta_i |\overline{v_1}\rangle\cdots|\overline{v_{j-1}}\rangle \right.$$

$$\left. |\overline{j_1}\cdots\overline{j_{h-1}}j_h\overline{j_{h+1}}\cdots\overline{j_{m_j}}\rangle |\overline{v_{j+1}}\rangle\cdots|\overline{v_{x-1}}\rangle |v_x\rangle |\overline{v_{x+1}}\rangle\cdots|\overline{v_k}\rangle \right) \tag{3.5}$$

其中，$|v_1\rangle,\cdots,|v_k\rangle$ 表示 k 维空间中的 k 个坐标轴，$v(j,h,m)$ 表示轴 $|v_j\rangle = |j_1\cdots j_h\cdots j_{m_j}\rangle$。$G_{\mathrm{LF}}^{|v_x\rangle v(j,h,m)}$ 的量子线路如图 3-4 所示。

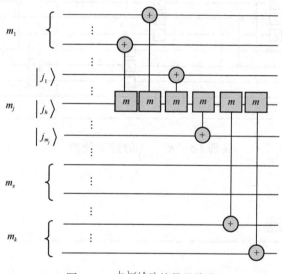

图 3-4　$G_{\mathrm{LF}}^{|v_x\rangle v(j,h,m)}$ 的量子线路

3.1.4　正交旋转

NASS 的 k 维彩色图像 $|\psi\rangle_k$ 沿着轴 $|v_x\rangle$ 跨过的平面 $|v_x\rangle\otimes|v_y\rangle$ 可表示为正交旋转 $R_{|v_x\rangle\otimes|v_y\rangle}^{\alpha}$，即

$$R_{|v_x\rangle\otimes|v_y\rangle}^{\alpha}(|\psi\rangle_k) = \sum_{i=0}^{2^n-1} \theta_i |v_1\rangle\cdots|v_x'\rangle\cdots|v_y'\rangle\cdots|v_k\rangle \tag{3.6}$$

其中，$\alpha \in \left\{ \dfrac{\pi}{2}, \pi, \dfrac{3}{2}\pi \right\}$，$|v_x\rangle$ 的维数与 $|v_y\rangle$ 的维数相同，且有

$$\begin{cases} |v_x'\rangle|v_y'\rangle = |v_y\rangle|\overline{v_x}\rangle & ,\alpha = \dfrac{\pi}{2} \\[2mm] |v_x'\rangle|v_y'\rangle = |\overline{v_x}\rangle|\overline{v_y}\rangle & ,\alpha = \pi \\[2mm] |v_x'\rangle|v_y'\rangle = |\overline{v_y}\rangle|v_x\rangle & ,\alpha = \dfrac{3}{2}\pi \end{cases} \tag{3.7}$$

$R_{|v_x\rangle \otimes |v_y\rangle}^{\alpha}$ 的量子线路如图 3-5 所示。

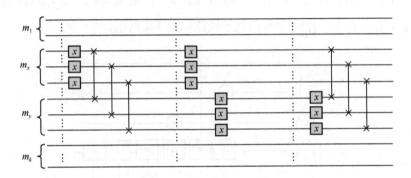

图 3-5　$R_{|v_x\rangle \otimes |v_y\rangle}^{\alpha}$ 的量子线路

3.2　色彩处理

3.2.1　量子图像的颜色运算

对灰度信息的操作在许多复杂图像处理算法中具有重要作用。FRQI 模型只使用一个量子比特来存储每个像素的灰度信息，这限制了其在复杂颜色运算方面的应用。而 NEQR 模型[5]可以方便地处理图像的颜色信息。

（1）CC 操作

本节讨论了基于 NEQR 模型的 CC（Color Conversion）操作。CC 操作 U_C 表示为

$$U_C = X^{\otimes q} \otimes I^{\otimes 2n} \tag{3.8}$$

其中，I 为量子恒等门；X 为量子非门，表示为

$$X = \begin{bmatrix} 0 & 1 \\ 1 & 0 \end{bmatrix} = |0\rangle\langle1| + |1\rangle\langle0| \tag{3.9}$$

对于量子图像 $|I\rangle$，U_C 对颜色量子比特序列的每个量子比特采用 q 个量子非门操作，对其他量子比特序列采用 $2n$ 个量子恒等门操作。因此，该操作反转 NEQR 模型中颜色量子比特序列中的所有量子比特，并将图像中每个像素的灰度值更改为与其相反的值。在量子图像 $|I\rangle$ 上进行 CC 操作可表示为

$$
\begin{aligned}
U_C(|I\rangle) &= U_C\left(\frac{1}{2^n}\sum_{Y=0}^{2^n-1}\sum_{X=0}^{2^n-1}|f(Y,X)\rangle|Y\rangle|X\rangle\right) = \\
&\frac{1}{2^n}\sum_{Y=0}^{2^n-1}\sum_{X=0}^{2^n-1}\left(\bigotimes_{i=0}^{q-1}\left(X|C_{YX}^i\rangle\right)|Y\rangle|X\rangle\right) = \\
&\frac{1}{2^n}\sum_{Y=0}^{2^n-1}\sum_{X=0}^{2^n-1}\left(\bigotimes_{i=0}^{q-1}|\bar{C}_{YX}^i\rangle|Y\rangle|X\rangle\right) = \\
&\frac{1}{2^n}\sum_{Y=0}^{2^n-1}\sum_{X=0}^{2^n-1}|2^q-1-f(Y,X)\rangle|Y\rangle|X\rangle
\end{aligned} \tag{3.10}
$$

NEQR 模型中 U_C 的量子线路如图 3-6 所示。CC 操作可使图像中的目标更清晰，更容易观察，尤其是对于某些医学图像。

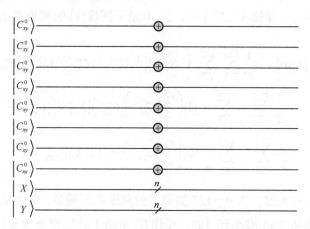

图 3-6　NEQR 模型中 U_C 的量子线路

下面讨论 NEQR 量子图像中 CC 操作的时间复杂性。在 NEQR 量子图像中，

所有像素都存储在 $2n+q$ 量子比特序列所组成的叠加态中。这意味着可以使用量子并行性同时执行像素的颜色变换。因此，CC 操作的时间复杂度不超过 $O(2n+q)$。

（2）PC 操作

接下来介绍 NEQR 模型的两个 PC（Partial Color）操作。首先，我们将讨论如何设计量子∩门与量子∪门，因为经典∩门和∪门是不可逆的，不存在与经典双比特门对应的双量子比特门。我们可以用托佛利（Toffoli）门和 Swap 门，以及一个辅助量子比特来构造量子∩门和量子∪门。量子∩门变换表示为

$$\cap:|a\rangle|b\rangle|0\rangle \to |a\rangle|a\cap b\rangle|b\rangle \tag{3.11}$$

类似地，用初始化为 $|1\rangle$ 的辅助量子比特来构造量子∪门，量子∪门变换表示为

$$\cup:|a\rangle|b\rangle|1\rangle \to |a\rangle|a\cup b\rangle|b\rangle \tag{3.12}$$

然后，利用量子∩门和量子∪门来设计量子 PC 操作。第一个 PC 操作 U_S 定义为

$$U_S:\left|C_{YX}^0\right\rangle\left|C_{YX}^{q-1}\right\rangle|0\rangle \to \left|C_{YX}^0\right\rangle\left|C_{YX}^0 \cap C_{YX}^{q-1}\right\rangle\left|C_{YX}^{q-1}\right\rangle \tag{3.13}$$

U_S 门对应于量子∩门，其输入是颜色量子比特序列中的最高位 $\left|C_{YX}^0\right\rangle$ 和最低位 $\left|C_{YX}^{q-1}\right\rangle$，输出存储在 $\left|C_{YX}^{q-1}\right\rangle$ 中。对于 NEQR 模型，如果量子比特 $\left|C_{YX}^0\right\rangle$ 像素的最大值为 $|0\rangle$，该操作将 $|0\rangle$ 存储在 $\left|C_{YX}^{q-1}\right\rangle$ 中。U_S 对量子图像 $|I\rangle$ 的变换表示为

$$U_S:|I\rangle|0\rangle \to \frac{1}{2^n}\sum_{Y=0}^{2^n-1}\sum_{X=0}^{2^n-1}\left(\bigotimes_{i=0}^{q-2}\left|C_{YX}^i\right\rangle\right)\left|C_{YX}^0 \cap C_{YX}^{q-1}\right\rangle|Y\rangle|X\rangle\left|C_{YX}^{q-1}\right\rangle =$$
$$\frac{1}{2^n}\sum_{Y=0}^{2^n-1}\sum_{X=0,C_{YX}^0=1}^{2^n-1}|1\rangle\left(\bigotimes_{i=1}^{q-2}\left|C_{YX}^i\right\rangle\right)\left|C_{YX}^{q-1}\right\rangle|Y\rangle|X\rangle\left|C_{YX}^{q-1}\right\rangle +$$
$$\frac{1}{2^n}\sum_{Y=0}^{2^n-1}\sum_{X=0,C_{YX}^0=0}^{2^n-1}|0\rangle\left(\bigotimes_{i=1}^{q-2}\left|C_{YX}^i\right\rangle\right)|0\rangle|Y\rangle|X\rangle\left|C_{YX}^{q-1}\right\rangle \tag{3.14}$$

PC 操作 U_S 将灰度值为 0～127 的像素的灰度范围减半。执行 U_S 后，图像 $|I\rangle$ 中的灰度值数量将从 256 减少到 192。操作 U_S 可用于降低剩余像素的灰度值，从而使图像的存储空间急剧减小，且图像质量损失很小[5]。

第二个 PC 操作 U_B 是图像的二值运算，表示为

$$U_B : \bigotimes_{i=0}^{q-1} \left| C_{YX}^i \right\rangle |a\rangle \rightarrow \left| C_{YX}^0 \right\rangle \bigotimes_{i=1}^{q-1} \left| C_{YX}^0 \cup \left(C_{YX}^0 \cap C_{YX}^i \right) \right\rangle |a'\rangle \tag{3.15}$$

其中，$|a\rangle$ 表示若干辅助量子比特，$|a'\rangle$ 是这些辅助量子比特的最终态。因为该操作由 $q-1$ 个量子 $\bigcap$ 门和 $q-1$ 个量子 $\bigcup$ 门构成，因此，需要 $2(q-1)$ 个辅助量子比特。

执行 U_B 后，如果 $\left| C_{YX}^0 \right\rangle = |0\rangle$，颜色量子比特序列中的所有量子比特都被设置为 $|0\rangle$；否则，设置为 $|1\rangle$。U_B 对量子图像 $|I\rangle$ 的量子变换表示为

$$U_B : |I\rangle |a\rangle \rightarrow \frac{1}{2^n} \sum_{Y=0}^{2^n-1} \sum_{X=0}^{2^n-1} \left(\left| C_{YX}^0 \right\rangle \bigotimes_{i=1}^{q-1} \left| C_{YX}^0 \cup \left(C_{YX}^0 \cap C_{YX}^i \right) \right\rangle \right) |a'\rangle =$$

$$\frac{1}{2^n} \sum_{Y=0}^{2^n-1} \sum_{X=0, C_{YX}^0=1}^{2^n-1} \bigotimes_{i=0}^{q-1} |1\rangle |Y\rangle |X\rangle |a'\rangle +$$

$$\frac{1}{2^n} \sum_{Y=0}^{2^n-1} \sum_{X=0, C_{YX}^0=0}^{2^n-1} \bigotimes_{i=0}^{q-1} |0\rangle |Y\rangle |X\rangle |a'\rangle$$

PC 操作 U_B 示例如图 3-7 所示。

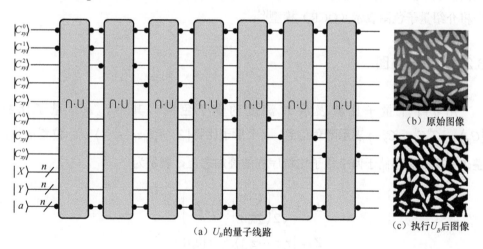

（a）U_B 的量子线路　　（b）原始图像　　（c）执行 U_B 后图像

图 3-7　PC 操作 U_B 示例

3.2.2　伪彩色处理

伪彩色处理是一种图像增强算法。Jiang 等[6]提出了量子图像伪彩色算法，从经典空间到量子空间，量子图像伪彩色算法将空间复杂度从 HWq 减小到

$\log_2 H + \log_2 W + q$，时间复杂度从 $2HW$ 减小到 $13(t+q)$，其中，HW 为图像尺寸，q 为图像色深度，2^t 为图像中的颜色数目。

在经典图像处理中，主要有两类伪彩色编码方法[6]，具体如下。

（1）密度分层法。将灰度图像视为一个密度函数，在图像平面的相交平面区域切割图像的密度函数，根据像素值与平面的相对位置编码相应像素点的颜色信息。

（2）灰度—彩色变换法。根据给定的映射函数将灰度值映射为彩色值。假设 $I(x,y)$ 是像素 (x,y) 的灰度值，3 个映射函数 f_R、f_G、f_B 分别将 $I(x,y)$ 映射为三原色 $R(x,y)$、$G(x,y)$、$B(x,y)$，如式（3.16）所示。

$$\begin{cases} R(x,y) = f_R(I(x,y)) \\ G(x,y) = f_G(I(x,y)) \\ B(x,y) = f_B(I(x,y)) \end{cases} \tag{3.16}$$

量子伪彩色处理的首要问题是在量子计算机上存储量子图像和量子色图，相应地需要表示量子图像和量子色图。本书第 2 章已经介绍了量子图像表示模型，接下来将介绍量子色图表示（QCR）模型[6]。

3.2.3 量子色图

用 $q+t$ 个量子比特表示 2^q 深度的量子色图，其中，q 个量子比特 $|C_Z\rangle = |C_Z^0 C_Z^1 \cdots C_Z^{q-1}\rangle$ 表示颜色信息，t 个量子比特 $|Z\rangle = |z_0 z_1 \cdots z_{t-1}\rangle$ 表示位置信息。整个色图信息存储于两个量子比特序列的叠加态上，表示为

$$|M\rangle = \frac{1}{\sqrt{2}}\left(\sum_{Z=0}^{2^t-1} \bigotimes_{i=0}^{q-1} |C_Z^i\rangle |Z\rangle\right)$$

$$|Z\rangle = |z_0 z_1 \cdots z_{t-1}\rangle, z_i \in \{0,1\}$$

$$|C_Z\rangle = |C_Z^0 C_Z^1 \cdots C_Z^{q-1}\rangle, C_Z^i \in \{0,1\} \tag{3.17}$$

如果在量子计算机中存储量子色图，QCR 需要 $q+t$ 个量子比特。因此需要准备 $q+t$ 个量子比特，初始化为量子态 $|0\rangle$，即

$$|\psi\rangle_0 = |0\rangle^{\otimes q+t} \tag{3.18}$$

QCR 的制备工作主要包括以下两个步骤。

步骤 1　使用恒等门 I 和 Hadamard 门 H 将初始态 $|\psi\rangle_0$ 转换为一个空白色图 $|\psi\rangle_1$。转换操作可以用 u_1 表示，即

$$u_1 = I^{\otimes q} \otimes H^{\otimes t} \tag{3.19}$$

其中，$I^{\otimes q}$ 表示恒等变换的张量积，$H^{\otimes t}$ 表示 Hadamard 矩阵的张量积。在初始态 $|0\rangle^{\otimes q+t}$ 上进行 u_1 操作可以得到空白色图 $|\psi\rangle_1$，表示为

$$
\begin{aligned}
u_1(|\psi\rangle_0) &= (I|0\rangle)^{\otimes q} \otimes (H|0\rangle)^{\otimes t} = \\
&|0\rangle^{\otimes q} \otimes \left(\frac{1}{\sqrt{2}} \sum_{Z=0}^{2^t-1} |Z\rangle \right) = \\
&\frac{1}{\sqrt{2^t}} \sum_{Z=0}^{2^t-1} |0\rangle^{\otimes q} |Z\rangle = |\psi\rangle_1
\end{aligned}
\tag{3.20}
$$

简单来说，在空白色图的制备中，Hadamard 门的作用是使量子态 $|0\rangle$ 和 $|1\rangle$ 等概率发生，恒等门不会使量子态发生任何变化。经过两个门的作用就得到了空白的色图。

步骤 2　设置色图中的颜色值。使用 2^t 个子操作来存储色图中 2^t 种颜色的所有信息。对于第 Z 个颜色，u_Z 为

$$u_Z = \left(I \otimes \sum_{i=0, i \neq Z}^{2^t-1} |i\rangle\langle i| \right) + \Omega_Z \otimes |Z\rangle\langle Z| \tag{3.21}$$

其中，Ω_Z 用来设置第 Z 个颜色的值。由于颜色用 q 个量子比特表示，因此 Ω_Z 可进一步分为 q 个子操作，即

$$\Omega_Z = \bigotimes_{i=0}^{q-1} \Omega_Z^i \tag{3.22}$$

其中，Ω_Z^i 用来设置第 Z 个颜色中第 i 个比特的值，即

$$\Omega_Z^i : |0\rangle \rightarrow \left| 0 \oplus C_Z^i \right\rangle \tag{3.23}$$

其中，$\oplus$ 是异或操作。如果 $C_Z^i = 1$，则 $\Omega_Z^i : |0\rangle \rightarrow |1\rangle$ 是一个 $t-$CNOT 门（t 个控制位的受控非门），这 t 个控制位设置第 Z 种颜色；如果 $C_Z^i = 0$，则 $\Omega_Z^i : |0\rangle \rightarrow |0\rangle$ 相当于一个恒等门，可以省略。因此，Ω_Z 可表示为

$$\Omega_Z |0\rangle^{\otimes q} = \mathop{\otimes}\limits_{i=0}^{q-1} \left(\Omega_Z^i |0\rangle \right) = \mathop{\otimes}\limits_{i=0}^{q-1} \left| 0 \oplus C_Z^i \right\rangle = \mathop{\otimes}\limits_{i=0}^{q-1} \left| C_Z^i \right\rangle \tag{3.24}$$

将 u_Z 作用于 $|\psi\rangle_1$，可以将第 Z 个颜色设置为所需的值，即

$$u_Z(|\psi\rangle_1) = u_Z \left(\frac{1}{\sqrt{2^t}} \sum_{i=0}^{2^t-1} |0\rangle^{\otimes q} |i\rangle \right) =$$

$$\frac{1}{\sqrt{2^t}} u_Z \left(\sum_{i=0,i\neq Z}^{2^t-1} |0\rangle^{\otimes q} |i\rangle + |0\rangle^{\otimes q} |Z\rangle \right) =$$

$$\frac{1}{\sqrt{2^t}} \left(\sum_{i=0,i\neq Z}^{2^t-1} |0\rangle^{\otimes q} |i\rangle + \Omega_Z |0\rangle^{\otimes q} |Z\rangle \right) =$$

$$\frac{1}{\sqrt{2^t}} \left(\sum_{i=0,i\neq Z}^{2^t-1} |0\rangle^{\otimes q} |i\rangle + \mathop{\otimes}\limits_{i=0}^{q-1} \left| C_Z^i \right\rangle |Z\rangle \right) \tag{3.25}$$

通过 u_Z 对中间态 $|\psi\rangle_1$ 进行 2^t 次操作得到 $|\psi\rangle_2$，$|\psi\rangle_2$ 表示将色图中 2^t 种颜色都设置为所需的值，即

$$u_2 = \prod_{Z=0}^{2^t-1} u_Z \tag{3.26}$$

$$u_2(|\psi\rangle_1) = \frac{1}{\sqrt{2^t}} \sum_{Z=0}^{2^t-1} \Omega_Z |0\rangle^{\otimes q} |Z\rangle =$$

$$\frac{1}{\sqrt{2^t}} \sum_{Z=0}^{2^t-1} \mathop{\otimes}\limits_{i=0}^{q-1} \left| C_Z^i \right\rangle |Z\rangle = |\psi\rangle_2 \tag{3.27}$$

3.2.4 量子伪彩色编码实现

本节给出量子伪彩色编码的实现。首先，定义基本操作 W_1 为

$$W_1 = \mathop{\otimes}\limits_{i=0}^{t-1} W_1^i \tag{3.28}$$

其中，W_1^i 是一个受控非门，表示为

$$W_1^i : \left| C_{YX}^i \right\rangle \to \left| C_{YX}^i \oplus z_i \right\rangle \tag{3.29}$$

其中，$\left|z_i\right\rangle$ 是控制比特，$\left|C_{YX}^i\right\rangle$ 是目标比特。如果 $C_{YX}^i == z_i$，目标比特的值为 $\left|C_{YX}^i \oplus z_i\right\rangle = |0\rangle$。也就是说，如果满足条件 $C_{YX}^0 == z_0, C_{YX}^1 == z_1, \cdots, C_{YX}^{t-1} == z_{t-1}$，则有

$$W_1\left|C_{YX}^0 C_{YX}^1 \cdots C_{YX}^{t-1}\right\rangle = |0\rangle^{\otimes t} \tag{3.30}$$

即 W_1 的作用是判断条件 $C_{YX}^0 == z_0, C_{YX}^1 == z_1, \cdots, C_{YX}^{t-1} == z_{t-1}$ 是否成立，如果该条件成立，则 $C_{YX}^0 C_{YX}^1 \cdots C_{YX}^{t-1}$ 全部变为 0 态。

在 W_1 的基础上，定义操作 W_2 为

$$W_2 : |0\rangle \rightarrow \left|0 \oplus \left(\overline{C_{YX}^0}\ \overline{C_{YX}^1} \cdots \overline{C_{YX}^{t-1}}\right)\right\rangle \tag{3.31}$$

其中，W_2 是一个 t-CNOT 门，$\overline{C_{YX}^0}\ \overline{C_{YX}^1} \cdots \overline{C_{YX}^{t-1}}$ 是控制比特，辅助比特 $|0\rangle$ 是目标比特，后文中称辅助比特为 $|f\rangle$。如果 $\left|C_{YX}^0 C_{YX}^1 \cdots C_{YX}^{t-1}\right\rangle = |0\rangle^{\otimes t}$，$W_2 : |0\rangle \rightarrow |0 \oplus 1\rangle = |1\rangle$，即 $|f\rangle$ 从 $|0\rangle$ 翻转到 $|1\rangle$ 态；否则 $W_2 : |0\rangle \rightarrow |0 \oplus 0\rangle = |0\rangle$，即保持之前的状态。

定义操作 W_3 为

$$W_3 = \underset{i=0}{\overset{q-1}{\otimes}} W_3^i \tag{3.32}$$

其中，有

$$W_3^i : \left|D_{YX}^i\right\rangle = |0\rangle \rightarrow \left|0 \oplus \left(C_z^i f\right)\right\rangle = \left|C_z^i f\right\rangle \tag{3.33}$$

W_3^i 是 2-CNOT 门，$\left|C_z^i\right\rangle$ 和 $|f\rangle$ 作为控制比特，$\left|D_{YX}^i\right\rangle$ 是目标比特。如果 $|f\rangle = |1\rangle$，则 $W_3^i : |0\rangle \rightarrow \left|C_z^i\right\rangle$，即 $\left|D_{YX}^i\right\rangle$ 的值将被转换为 $\left|C_z^i\right\rangle$；否则 $W_3^i : |0\rangle \rightarrow |0\rangle$，即 $\left|D_{YX}^i\right\rangle$ 的值将保持 $|0\rangle$。也就是说，如果 $|f\rangle = |1\rangle$，则有

$$W_3|0\rangle^{\otimes q} = \left|C_z^0 C_z^1 \cdots C_z^{-1}\right\rangle \tag{3.34}$$

这样，新的颜色信息 $\left|D_z^0 D_z^1 \cdots D_z^{q-1}\right\rangle$ 就设置为所要变换的伪彩色，即实现了量子伪彩色编码。

3.3 图像分割

图像分割是将图像细分为部分区域或对象的操作。根据要解决的问题决定图像分割的级别。通过图像分割，使同一区域或对象具有相似的特征，或者使不同区域或对象具有明显差异，从而有利于进一步处理，如图像分析、图像理解、自动识别等。

3.3.1 基于量子搜索的图像分割

在经典计算机中，彩色图像与灰度图像在存储和编码方面存在差异，并且很难通过计算来确定颜色是否相似。基于量子搜索的图像分割算法对于灰度图像是有效的，但对于彩色图像可能无效。在 QSMC 模型中，颜色信息是由一个量子比特表示的，因此该算法对于灰度图像和彩色图像是通用的[1]。基于量子搜索的图像分割算法步骤如下[7]。

步骤 1 对要分割区域的颜色进行采样，并计算新颜色的颜色样本均值。新颜色 c_m 是集合 color = {color$_1$,···, color$_M$} 中的第 m 个元素。

步骤 2 将图像的颜色和新颜色 c_m 存储在量子系统中，c_m 用量子态 $|v_m\rangle$ 表示。

步骤 3 设 f 为阈值，通过扩展的格罗弗（Grover）算法搜索出满足条件 $|v_i\rangle \in \{|v_{m-f}\rangle, |v_{m-f+1}\rangle, \cdots, |v_{m+f}\rangle\}$ 的颜色，其中，$|v_i\rangle$ 是要找到的颜色，并且是颜色集合 {color$_1$, color$_2$,···, color$_M$} 的对应集合 {$|v_1\rangle$, $|v_2\rangle$,···, $|v_m\rangle$} 中的第 i 个元素。

步骤 4 如果搜索到的颜色太少，说明图像分割得太细[8]，则令阈值 $f = f + a, a < f$，并返回步骤 2。如果搜索到的颜色太多，说明图像分割得太粗[8]，则令阈值 $f = f - b, b < f$，并返回步骤 2。如果没有出现上述情况，则结束。其中，f、a 和 b 为整数。

步骤 1 将图像转换为矩阵形式，并通过 $m = \left\lfloor \dfrac{\sum\limits_{c_i} i}{\text{size}(A)} \right\rfloor$ 计算采样区域中颜色的平均值，其中，A 是采样区域，$\text{size}(A)$ 是 A 中的颜色数，c_i 是 A 中像素的颜色。

下面给出基于量子搜索的图像分割算法进行图像分割的示例。图 3-8 为待分割图像，其大小为 303×227。对图 3-8 进行分割，并对坐标(226，87)周围的一小块区域进行采样，分割结果如图 3-9 所示。

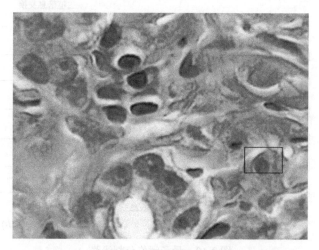

图 3-8　待分割图像

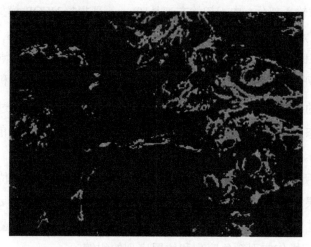

图 3-9　分割结果

3.3.2　量子图像分割线路

图 3-10 为量子阈值分割线路[9]。该线路主要是由三部分组成，分别为量子图像输入、灰度值与阈值比较、颜色信息与旋转二值信息交换，其中，QBSC 表示量子

比较器，$|Ae\_q\rangle$ 表示对照颜色信息，$|C\_q\rangle$ 表示颜色信息，$|q\rangle$ 表示位置信息。

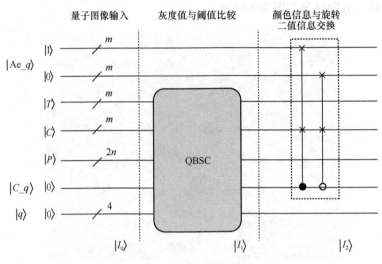

图 3-10 量子阈值分割线路

在量子图像输入部分，由于初始态都是$|0\rangle$，需要根据 NEQR 模型的各个量子比特来设计线路。对于一些确定的量子比特，如阈值信息和辅助信息等，采用一种通用的初始化方法，即如果 IEQR 序列的状态为$|1\rangle$，则对相应的状态比特应用 NOT 门；如果 NEQR 序列状态为$|0\rangle$，则不做任何处理。但是对于颜色信息和位置信息，往往不采用通用的初始化方法。根据文献[10]，量子图像的存储是通过位置信息和灰度信息的叠加态来完成的，这就需要找出灰度信息与位置信息之间的关系，然后组合 Hadamard 门、NOT 门和 CNOT 来进行初始化。

以图 3-11 所示大小为 2×2 的图像为例，图 3-11 的颜色信息和位置信息初始化线路及坍塌结果如图 3-12 所示。其中，$q[0]$和$q[1]$表示位置信息，$q[2]$和$q[3]$表示颜色信息。通过$q[0]$和$q[1]$上的 H 变换，得到完全覆盖图像所有位置的叠加态，然后运用 CNOT 门操作实现颜色序列和位置序列的纠缠。

QBSC[11]用来实现灰度值与阈值的比较。量子比特比较线路如图 3-13 所示。单量子比特比较线路 U_{CMP} 的输入为 $|a\rangle$ 和 $|b\rangle$，输出为 $|x\rangle$ 和 $|y\rangle$，当 $a>b$ 时，$x=1$，$y=0$；当 $a<b$ 时，$x=0$，$y=1$；当 $a=b$ 时，$x=0$，$y=0$。两量子比特比较线路由两个 U_{CMP} 构成，第一个 U_{CMP} 的输入为$|C\rangle$ 和 $|T\rangle$ 的低量子比特，第二个 U_{CMP} 的输入为$|C\rangle$ 和$|T\rangle$的高量子比特，然后通过辅助量子门操作将比较结果传递给$|C\_q\rangle$。若$|C\_q\rangle=|1\rangle$，则 $C \geqslant T$；若$|C\_q\rangle=|0\rangle$，则 $C<T$。

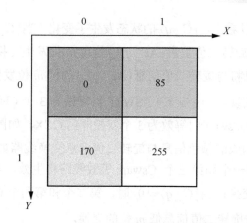

图 3-11　示例图像

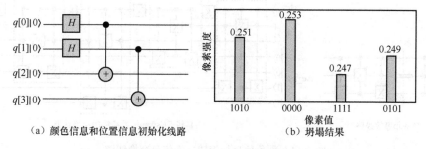

（a）颜色信息和位置信息初始化线路　　　　　（b）坍塌结果

图 3-12　颜色信息和位置信息初始化线路及坍塌结果

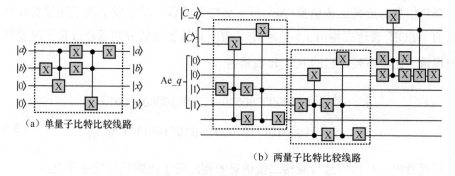

（a）单量子比特比较线路　　　　　　（b）两量子比特比较线路

图 3-13　量子比特比较线路

颜色信息与阈值信息的比较完成后，图像的 **NEQR** 表示将由 $|I_0\rangle$ 变为 $|I_1\rangle$，$|I_1\rangle$ 表示为

$$|I_1\rangle = \frac{1}{2}(|110010000000000\rangle + |110010010100010\rangle +$$

$$|110010101010001\rangle + |110010111110011\rangle)) \qquad (3.35)$$

从式（3.35）可以看出，$|C\_q\rangle$ 的状态发生了变化。当 $|C\_q\rangle=|1\rangle$ 时，即 $C \geqslant T$ 时，颜色信息 $|C\rangle_m$ 与旋转二值信息 $|Ae\_q\rangle_{2m}$ 的高 m 位发生交换；当 $|C\_q\rangle=|0\rangle$ 时，即 $C<T$ 时，颜色信息将与旋转二值信息 $|Ae\_q\rangle_{2m}$ 的低 m 位发生交换。交换过程用控制旋转门 Cswap 实现。一个旋转门 SWAP 可等效为 3 个 CNOT 门[11]，根据此方法，我们可以将一个 Cswap 门等效为 3 个双控非门 CCX，如图 3-14（a）所示。根据 Cswap 等效线路构成的颜色信息与旋转二值信息交换线路如图 3-14（b）所示，当 $|C\_q\rangle=|1\rangle$ 时，第一个和第三个 Cswap 等效线路将生效，实现颜色信息与旋转二值信息高 m 位的交换；当 $|C\_q\rangle=|0\rangle$ 时，第二个和第四个 Cswap 等效线路将生效，实现颜色信息与旋转二值信息低 m 位的交换。

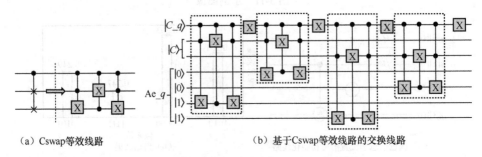

（a）Cswap等效线路　　　　　　　（b）基于Cswap等效线路的交换线路

图 3-14　颜色信息与旋转二值信息交换线路

颜色信息与旋转二值信息 $|Ae\_q\rangle_{2m}$ 交换完成后，即完成了量子图像的分割，图像的 NEQR 表达式将由 $|I_1\rangle$ 变为 $|I_2\rangle$，$|I_2\rangle$ 是量子阈值分割后通过量子测量获得的坍塌量子比特序列，它的 NEQR 表示为

$$|I_2\rangle = \frac{1}{2}(|110010000000000\rangle + |110110000100010\rangle + \\ |100010111010001\rangle + |110010111110011\rangle) \tag{3.36}$$

可以看出，颜色信息与旋转二值信息的相应量子比特已经发生了交换。

3.3.3　分割后量子图像的显示

NEQR 模型中量子图像的位置信息、颜色信息和其他信息均存储在表示量子图像的叠加态中。经过量子测量后，量子比特序列会发生坍塌，测量结果以概率幅度的形式输出，将位置信息及其对应的颜色信息从坍塌的量子比特序列中提取出来。

量子图像阈值分割后，颜色信息只能是 $|Ae\_q\rangle_{2m}$ 中预先设定的值，即 $|11\rangle$ 或 $|00\rangle$。提取出的颜色信息和位置信息仍然是量子比特序列，为了在经典计算机上显示分割后的量子图像，需要将量子比特序列转换为经典数字图像。转换规则为

$$f(x,y) = \begin{cases} 255, |C\rangle = |11\rangle \\ 0, |C\rangle = |00\rangle \end{cases} \tag{3.37}$$

量子比特序列中，位置信息的转换直接将二进制信息转换为十进制信息。例如，坍塌后量子比特序列是 $|100010111010001\rangle$，则其颜色信息是 $|11\rangle$，通过式（3.37）映射为 255，其位置信息是 $|10\rangle$，其对应的 X 轴坐标为 1，Y 轴坐标为 0。因此，在一个空白图像中，像素坐标 (1, 0) 的灰度值可以设置为 255。依此类推，绘制整个图像。

设置阈值为 $|10\rangle$，分割图 3-11 所示的图像。将分割后的量子图像转换为经典数字图像输出，输出图像如图 3-15 所示。其中，Color 表示像素的灰度值，Pos 表示像素的位置坐标。

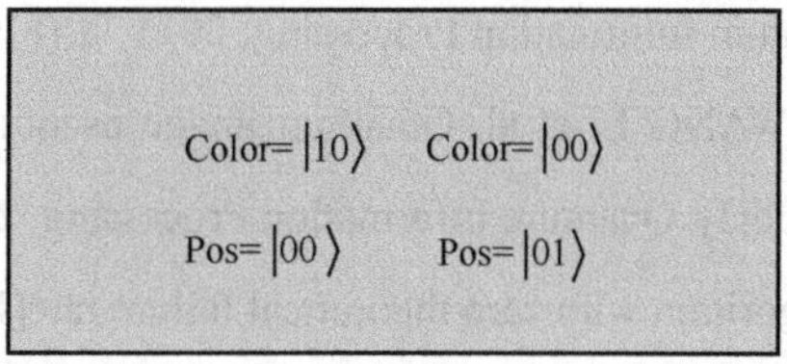

图 3-15　输出图像

3.4　本章小结

本章介绍了量子图像处理的基础算法，包括几何变换、色彩处理、图像分割。几何变换是将原始图像的像素位置映射到一幅新图像的像素位置的处理方法，以 NASS 的量子图像为例，介绍了两点变换、对称翻转、局部翻转和正交旋转这 4 种基本的变换方式。然后，介绍了基于 NEQR 模型的颜色运算、伪彩色处理、量子色图和量子伪彩色编码实现。伪彩色在色彩处理中占据了重要的地位，它可以使图像的细节更明显，但伪彩色处理的颜色并不是图像真实的颜色，只是便于识别的伪彩色。最后，本章介绍了量子图像的分割算法，图像分割能够将图像分割成若干区域，在图像理解、识别等领域具有重要的意义。

参考文献

[1] LI H S, ZHU Q X, LAN S, et al. Image storage, retrieval, compression and segmentation in a quantum system[J]. Quantum Information Processing, 2013, 12(6): 2269-2290.

[2] LE P Q, ILIYASU A M, DONG F, et al. Fast geometric transformations on quantum images[J]. IAENG International Journal of Applied Mathematics, 2010, 40(3): 113-123.

[3] LI H S, ZHU Q X, ZHOU R G, et al. Multidimensional color image storage, retrieval, and compression based on quantum amplitudes and phases[J]. Information Sciences, 2014, 273: 212-232.

[4] NIELSEN M A, CHUANG I L. Quantum computation and quantum information[M]. Cambridge: Cambridge University Press, 2000.

[5] ZHANG Y, LU K, GAO Y H, et al. NEQR: a novel enhanced quantum representation of digital images[J]. Quantum Information Processing, 2013, 12(8): 2833-2860.

[6] JIANG N, WU W Y, WANG L, et al. Quantum image pseudo color coding based on the density-stratified method[J]. Quantum Information Processing, 2015, 14(5): 1735-1755.

[7] LONG G L. Grover algorithm with zero theoretical failure rate[J]. Physical Review A, 2001, 64(2): 022307.

[8] FELZENSZWALB P F, HUTTENLOCHER D P. Efficient graph-based image segmentation[J]. International Journal of Computer Vision, 2004, 59(2): 167-181.

[9] CARAIMAN S, MANTA V I. Image segmentation on a quantum computer[J]. Quantum Information Processing, 2015, 14(5): 1693-1715.

[10] LE P Q, ILIYASU A M, DONG F Y, et al. A flexible representation and invertible transformations for images on quantum computers[M]. Berlin: Springer, 2011.

[11] OLIVEIRA D S, RAMOS R V. Quantum bit string comparator: circuits and applications[J]. Quantum Computers & Computing, 2007, 7(1): 17-26.

第 4 章
量子图像恢复

　　量子计算由于其优越的性能，在过去的几十年里受到了越来越多的重视。研究者针对量子力学对图像的表示和处理进行了一些研究。然而，针对图像恢复的量子计算的研究较少，多数研究集中在量子图像的存储方法上，而没有进一步考虑量子图像表示模型的应用。因此，量子图像处理技术的研究仍处于初级阶段。在数字图像处理的许多算法中，去噪是必不可少的程序之一，该技术可以提高边缘检测的精度，也可以实现图像分割、模式匹配等其他复杂的图像处理算法。目前，针对量子图像表示模型去噪方法的研究较少。因此，如何利用量子力学对噪声点进行有效的滤波是一个亟待解决的问题。量子图像的恢复主要包括量子图像去噪与量子图像复原两部分。

4.1　量子图像去噪算法

4.1.1　基于 NEQR 模型的去噪算法

　　本节将介绍 3 种基于 NEQR 模型的去噪算法[1]。与只有一个量子比特代表连续像素值的 FRQI 模型相比，NEQR 模型使用二维量子比特序列来存储离散像素值，这与经典计算机的存储逻辑更接近。NEQR 模型可以并行地操作像素值[2-6]，并且可以在量子图像中实现许多图像处理算法，如图像转换[7]和局部特征点提取[8]。

　　本节主要考虑两种常见噪声，即椒盐噪声和高斯噪声。当受到椒盐噪声的严重影响时，图像将呈现稀疏的白色和黑色像素；高斯噪声是一种概率密度函数与高斯分布的概率密度函数相等的统计噪声。本节介绍了 3 种图像去噪算法[1]：（1）Q-均值滤波算法，采用均值滤波方法处理椒盐噪声；（2）Q-高斯滤波算法，主要用于滤除高斯噪声；（3）Q-自适应滤波算法，主要用于处理含有未知噪声的图像，通过对图像的颜色值进行量子统计运算来判断噪声的类型，然后选择合适的去噪算法对图像进行恢复。

1．Q-均值滤波算法

Q-均值滤波算法将噪声点的选择与量子图像处理相结合，将像素值大于或小于所有相邻像素的像素视为噪声点，通过与每个方向上的相邻像素进行比较来选择噪声点；然后，采用均值滤波方法对噪声点进行处理，得到恢复后的图像。对于大小为 $2^n \times 2^n$、灰度级为 2^k 的图像，我们用 $|I\rangle$ 表示原始噪声图像。在不失一般性的情况下，该方法使用大小为 3×3 的邻域。因此，我们可以通过将每个像素与相邻的 8 个像素进行像素值比较来确定噪声点。Q-均值滤波算法的工作流程如图 4-1 所示。

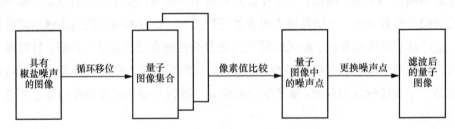

图 4-1　Q-均值滤波算法的工作流程

步骤 1　得到量子图像集合。原始图像经过 8 次循环移位操作 $|I_{x,y}\rangle = |I\rangle$ 后，得到量子图像集合，这个集合中的每个元素都是一个量子图像，由原始图像沿着 X 轴或 Y 轴进行移位得到，如式（4.1）所示。

$$\left(|I_{x-1,y-1}\rangle, |I_{x,y-1}\rangle, |I_{x+1,y-1}\rangle, |I_{x-1,y}\rangle, |I_{x,y}\rangle, \right.$$
$$\left. |I_{x+1,y}\rangle, |I_{x-1,y+1}\rangle, |I_{x,y+1}\rangle, |I_{x+1,y+1}\rangle \right) \tag{4.1}$$

步骤 2　选择噪声点。如果某个像素的值大于或小于所有相邻像素的值，则该像素为噪声点。因为邻域大小为 3×3，所以需要进行 8 次比较。通过减法操作，我们可以保存符号量子比特之间的比较结果。也就是说，如果图像中对应像素值的所有最高级别量子比特 $\varphi_0 \sim \varphi_7$ 都是 0 或 1，则该像素被视为噪声点，如式（4.2）所示。

$$|\varphi_0\rangle = \mathrm{SUB}\left(\left|I_{x,y}\right\rangle, \left|I_{x-1,y-1}\right\rangle\right) \qquad |\varphi_1\rangle = \mathrm{SUB}\left(\left|I_{x,y}\right\rangle, \left|I_{x,y-1}\right\rangle\right)$$

$$|\varphi_2\rangle = \mathrm{SUB}\left(\left|I_{x,y}\right\rangle, \left|I_{x+1,y-1}\right\rangle\right) \qquad |\varphi_3\rangle = \mathrm{SUB}\left(\left|I_{x,y}\right\rangle, \left|I_{x-1,y}\right\rangle\right)$$

$$|\varphi_4\rangle = \mathrm{SUB}\left(\left|I_{x,y}\right\rangle, \left|I_{x+1,y}\right\rangle\right) \qquad |\varphi_5\rangle = \mathrm{SUB}\left(\left|I_{x,y}\right\rangle, \left|I_{x-1,y+1}\right\rangle\right)$$

$$|\varphi_6\rangle = \mathrm{SUB}\left(\left|I_{x,y}\right\rangle, \left|I_{x,y+1}\right\rangle\right) \qquad |\varphi_7\rangle = \mathrm{SUB}\left(\left|I_{x,y}\right\rangle, \left|I_{x+1,y+1}\right\rangle\right) \qquad (4.2)$$

步骤 3　更换噪声点。使用平均图像 $|G_6\rangle$ 的像素值替换步骤 2 选择的噪声点。对于非噪声点，保留图像中存储的原始像素值 $\left|I_{x,y}\right\rangle$。为了得到平均图像 $|G_6\rangle$，需要分别进行增加操作和减半操作，在最终的图像生成中，还需要 $(k+1)$ 量子比特选择器，如式（4.3）和式（4.4）所示。

$$|G_6\rangle = \frac{1}{2^n} \sum_{x=0}^{2^n-1} \sum_{y=0}^{2^n-1} \left|f_{G_6}(x,y)\right\rangle |x\rangle|y\rangle \qquad (4.3)$$

$$|\psi_0\rangle = \mathrm{ADD}\left(\left|I_{x-1,y-1}\right\rangle, \left|I_{x,y-1}\right\rangle\right) \quad , |G_0\rangle = U_H\left(|\psi_0\rangle\right)$$

$$|\psi_1\rangle = \mathrm{ADD}\left(\left|I_{x+1,y-1}\right\rangle, \left|I_{x-1,y}\right\rangle\right) \quad , |G_1\rangle = U_H\left(|\psi_1\rangle\right)$$

$$|\psi_2\rangle = \mathrm{ADD}\left(\left|I_{x+1,y}\right\rangle, \left|I_{x-1,y+1}\right\rangle\right) \quad , |G_2\rangle = U_H\left(|\psi_2\rangle\right)$$

$$|\psi_3\rangle = \mathrm{ADD}\left(\left|I_{x,y+1}\right\rangle, \left|I_{x+1,y+1}\right\rangle\right) \quad , |G_3\rangle = U_H\left(|\psi_3\rangle\right)$$

$$|\psi_4\rangle = \mathrm{ADD}\left(|G_0\rangle, |G_1\rangle\right) \qquad , |G_4\rangle = U_H\left(|\psi_4\rangle\right)$$

$$|\psi_5\rangle = \mathrm{ADD}\left(|G_2\rangle, |G_3\rangle\right) \qquad , |G_5\rangle = U_H\left(|\psi_5\rangle\right)$$

$$|\psi_6\rangle = \mathrm{ADD}\left(|G_4\rangle, |G_5\rangle\right) \qquad , |G_6\rangle = U_H\left(|\psi_6\rangle\right) \qquad (4.4)$$

噪声点提取与滤波线路如图 4-2 所示。当选择的量子比特由初始态 $|0\rangle$ 变为 $|1\rangle$ 时，将该像素作为噪声点进行滤波。滤波操作是一个选择过程，如果选择的量子比特是 $|0\rangle$，则输出图像中的像素值；否则输出平均图像 $|G_6\rangle$ 的像素值。结合平均图像 $|G_6\rangle$ 和原始图像 $\left|I_{x,y}\right\rangle$，我们可以得到最终滤波后的图像结果 $|I_{\mathrm{filtered}}\rangle$。

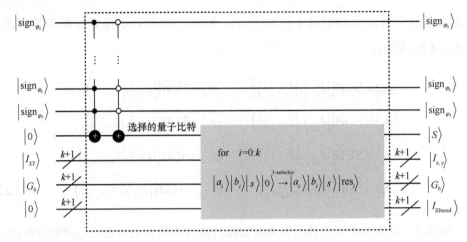

图 4-2　噪声点提取与滤波线路

2．Q-高斯滤波算法

事实上，相邻像素之间存在一定的关系，而这种关系的强度受像素之间距离的影响，数字图像领域中高斯滤波器就是基于这一思想实现的。基于这一思想，也可以设计量子图像去噪算法。高斯滤波器使用掩模扫描图像，通过掩模与图像像素的卷积运算得到加权平均值，用加权平均值替换掩模中心的像素点。对于大小为 $2^n \times 2^n$ 的图像，用 $|I_{x,y}\rangle = |I\rangle$ 表示原始噪声图像。Q-高斯滤波算法工作流程如图 4-3 所示。

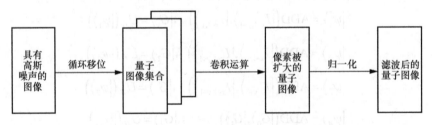

图 4-3　Q-高斯滤波算法工作流程

步骤 1　与 Q-均值滤波算法相同，通过 8 次循环移位操作得到量子图像集合，即

$$\left(\left| I_{x-1,y-1} \right\rangle, \left| I_{x,y-1} \right\rangle, \left| I_{x+1,y-1} \right\rangle, \left| I_{x-1,y} \right\rangle, \left| I_{x,y} = I \right\rangle, \right.$$
$$\left. \left| I_{x+1,y} \right\rangle, \left| I_{x-1,y+1} \right\rangle, \left| I_{x,y+1} \right\rangle, \left| I_{x+1,y+1} \right\rangle \right) \tag{4.5}$$

步骤 2　卷积运算。对于高斯掩模，可以通过式（4.6）得到其对应像素值，然后将每个像素的加权值存储于图像 $|\chi_1\rangle$。高斯掩模及其对应像素值如图 4-4 所示。

$$|\gamma_1\rangle = \mathrm{ADD}\left(\left|I_{x-1,y-1}\right\rangle,\left|I_{x+1,y-1}\right\rangle\right) \ , \ |\gamma_2\rangle = \mathrm{ADD}\left(\left|I_{x,y-1}\right\rangle,\left|I_{x,y-1}\right\rangle\right)$$

$$|\gamma_3\rangle = \mathrm{ADD}\left(\left|I_{x-1,y}\right\rangle,\left|I_{x-1,y}\right\rangle\right) \quad , \ |\gamma_4\rangle = \mathrm{ADD}\left(\left|I_{x,y}\right\rangle,\left|I_{x,y}\right\rangle\right)$$

$$|\gamma_5\rangle = \mathrm{ADD}\left(\left|I_{x+1,y}\right\rangle,\left|I_{x+1,y}\right\rangle\right) \quad , \ |\gamma_6\rangle = \mathrm{ADD}\left(\left|I_{x-1,y+1}\right\rangle,\left|I_{x+1,y+1}\right\rangle\right)$$

$$|\gamma_7\rangle = \mathrm{ADD}\left(\left|I_{x,y+1}\right\rangle,\left|I_{x,y+1}\right\rangle\right)$$

$$|\zeta_1\rangle = \mathrm{ADD}\left(|\gamma_1\rangle,|\gamma_2\rangle\right) \qquad , \ |\zeta_2\rangle = \mathrm{ADD}\left(|\gamma_3\rangle,|\gamma_4\rangle\right)$$

$$|\zeta_3\rangle = \mathrm{ADD}\left(|\gamma_4\rangle,|\gamma_5\rangle\right) \qquad , \ |\zeta_4\rangle = \mathrm{ADD}\left(|\gamma_6\rangle,|\gamma_7\rangle\right)$$

$$|\eta_1\rangle = \mathrm{ADD}\left(|\zeta_1\rangle,|\zeta_2\rangle\right) \qquad , \ |\eta_2\rangle = \mathrm{ADD}\left(|\zeta_3\rangle,|\zeta_4\rangle\right)$$

$$|\chi_1\rangle = \mathrm{ADD}\left(|\eta_1\rangle,|\eta_2\rangle\right) \tag{4.6}$$

1	2	1
2	4	2
1	2	1

（a）高斯掩模

$(x-1,y-1)$	$(x,y-1)$	$(x+1,y-1)$
$(x-1,y)$	(x,y)	$(x+1,y)$
$(x-1,y+1)$	$(x,y+1)$	$(x+1,y+1)$

（b）高斯掩模对应像素值

图 4-4　高斯掩模及其对应像素值

步骤 3　图像归一化。在步骤 2 进行多次加法操作后，像素值的范围扩大至原来的 16 倍，因此需要使用二分法操作实现图像归一化，将滤波后的图像存储于图像 $|\chi_5\rangle$ 中，即

$$|\chi_2\rangle = U_H\left(|\chi_1\rangle\right)$$

$$|\chi_3\rangle = U_H\left(|\chi_2\rangle\right)$$

$$|\chi_4\rangle = U_H\left(|\chi_3\rangle\right)$$

$$|\chi_5\rangle = U_H\left(|\chi_4\rangle\right) = \frac{1}{2^n}\sum_{x=0}^{2^n-1}\sum_{y=0}^{2^n-1}\left|f_{\chi_5}(x,y)\right\rangle|x\rangle|y\rangle \tag{4.7}$$

下面分析 Q-高斯滤波算法的计算复杂度。该算法的步骤 1 与 Q-均值滤波算法

的步骤 1 相同，计算复杂度为 $O(n^2)$ 。在步骤 2 中，卷积运算包括 14 个加法操作，加法操作的计算复杂度约为 $O(k)$ ，因此，步骤 2 计算复杂度约为 $O(k)$ 。步骤 3 中的每次二分法操作计算复杂度都不大于 $O(k)$ ，因为只需要 4 次二分法操作，所以步骤 3 的复杂度约为 $O(k)$ 。综上所述，在不考虑图像存储和显示的情况下，Q-高斯滤波算法的计算复杂度为 $O(n^2 + k)$ 。而传统的数字图像处理方法进行高斯滤波的计算复杂度为 $O(2^{2n})$ 。从这个角度来看，Q-高斯滤波算法实现了较大的性能提升。

3．Q-自适应滤波算法

如果原图像含有未知噪声，则应根据噪声类型选择合适的去噪算法。Q-自适应滤波算法首先对整个图像的颜色值进行量子统计运算，判断噪声的类型；然后根据噪声类型选择合适的去噪算法。Q-自适应滤波算法工作流程如图 4-5 所示。

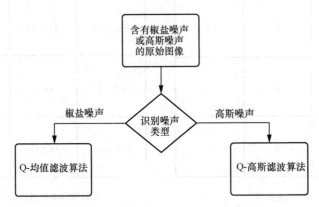

图 4-5　Q-自适应滤波算法工作流程

这里只分析椒盐噪声和高斯噪声的影响。当受到椒盐噪声影响时，图像将呈现稀疏的白色和黑色像素。因此，我们可以计算图像中像素值为 0 或 $2^k - 1$ 的像素的数量，如果数量超过阈值，则图像所含噪声为椒盐噪声；否则，图像所含噪声为高斯噪声。判断噪声类型的工作流程如图 4-6 所示。

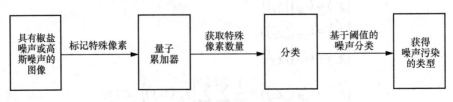

图 4-6　判断噪声类型的工作流程

步骤 1　标记特殊像素。设辅助量子比特 $|\text{Reg}\rangle$ 初始值为 $|0\rangle$ ，其与量子图像纠

缠在一起，如式（4.8）所示。

$$|I\rangle \otimes |\mathrm{Reg}\rangle = \frac{1}{2^n}\sum_{x=0}^{2^n-1}\sum_{y=0}^{2^n-1}|f(x,y)\rangle |X\rangle |Y\rangle |\mathrm{Reg}\rangle \tag{4.8}$$

也就是说，除了符号量子比特外，所有表示像素值的量子比特都是$|0\rangle$或$|1\rangle$时，将$|\mathrm{Reg}\rangle$设置为$|1\rangle$；否则，$|\mathrm{Reg}\rangle$保持原来的值。标记特殊像素的量子线路如图 4-7 所示。

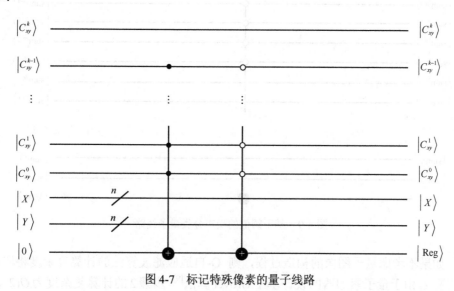

图 4-7　标记特殊像素的量子线路

步骤 2　获取特殊像素数量。使用量子累加器来获得步骤 1 标记的特殊像素的数量 sum[1]，如图 4-8 所示。

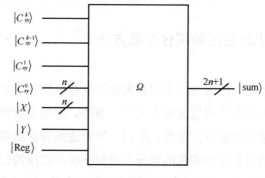

图 4-8　量子累加器

步骤 3 基于阈值的噪声分类。将 sum 与阈值 $T = 2^{2n-4}$ 进行比较。经过多次实验可知，当特殊像素的占比阈值为 6% 时，分类精度最高。因此，令 $T = 2^{2n} \times 6\% \approx 2^{2n-4}$，如果 sum>$T$，噪声类型 $|type\rangle$ 保持其原始值 $|0\rangle$，即判断图像所含噪声为椒盐噪声；否则，判断图像所含噪声为高斯噪声。基于阈值的噪声分类量子线路如图 4-9 所示。

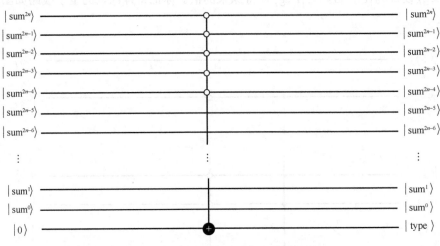

图 4-9　基于阈值的噪声分类量子线路

如果不考虑量子图像的构造过程，则 Q-自适应滤波算法的计算复杂度将取决于步骤 2。由于量子累加器的设计基于 Grover 算法[9]，步骤 2 的计算复杂度为 $O(2^n)$。因此，Q-自适应滤波算法的计算复杂度为 $O(2^n)$。对于大小为 $2^n \times 2^n$ 的图像，使用传统的数字图像处理方法进行同样的操作计算复杂度为 $O(2^{2n})$。从这个角度来看，Q-自适应滤波算法实现了较大的性能提升。

4.1.2　基于量子小波变换的图像去噪方法

量子计算与图像处理的融合为不同目的的图像处理提供了多种方法。本节介绍了一种基于量子小波变换的图像去噪方法[10]。首先，利用多贝西（Daubechies）四阶小波核从合成图像中提取小波系数；然后，用合适的阈值函数实现量子预言机，将小波系数分解为适用于原始图像的部分和适用于噪声图像的部分。原始图像的小波系数大于噪声图像的小波系数。本节将该方法与现有的一些去噪方法进行了比较。

1. Daubechies 四阶小波核

在经典计算中，小波变换揭示了信号的多尺度结构，在图像去噪、压缩等处理中起着至关重要的作用。本节使用 Daubechies 四阶小波核进行图像处理。Daubechies 四阶小波核的主要目的是将变换矩阵分解为初等酉矩阵。Daubechies 四阶小波核 $D_{2^n}^{(4)}$ 表示为

$$D_{2^n}^{(4)} = \left(I_{2^{n-1}} \otimes E_1 \right) Q_{2^n} \left(I_{2^{n-1}} \otimes E_0 \right) \tag{4.9}$$

其中，E_0 和 E_1 是两个酉矩阵，且有

$$E_0 = 2 \begin{bmatrix} C_3 & -C_2 \\ C_2 & C_3 \end{bmatrix}, \quad E_1 = \frac{1}{2} \begin{bmatrix} \dfrac{C_0}{C_3} & 1 \\ 1 & \dfrac{C_1}{C_2} \end{bmatrix} \tag{4.10}$$

其中，

$$C_0 = (3+\sqrt{3})/4\sqrt{2}, \quad C_1 = (3-\sqrt{3})/4\sqrt{2}, \quad C_2 = (1-\sqrt{3})/4\sqrt{2},$$
$$C_3 = (1+\sqrt{3})/4\sqrt{2}, \quad C_0' = N(C_0) \tag{4.11}$$

$$N = \begin{bmatrix} 0 & 1 \\ 1 & 0 \end{bmatrix} \tag{4.12}$$

Q_{2^n} 是一个下移置换矩阵，表示为

$$Q_{2^n} = \begin{bmatrix} 0 & 1 & & & & \\ 0 & 0 & 1 & & & \\ 0 & 0 & 0 & 1 & & \\ 0 & 0 & 0 & 0 & 1 & \\ & & & \vdots & & \\ 0 & 0 & \cdots & 0 & 0 & 0 \\ 1 & 0 & \cdots & 0 & 0 & 0 \end{bmatrix} \tag{4.13}$$

其可分解为

$$Q_{2^n} = F_{2^n} P_{2^n} T_{2^n} P_{2^n} F_{2^n}^* \tag{4.14}$$

其中，F_{2^n} 是 F 的经典库利–图基快速傅里叶变换（Cooley-Tukey FFT）分解的 2^n 维向量；$F_{2^n}^*$ 是 F_{2^n} 的共轭转置，是比特反转置换矩阵。如果快速傅里叶变换（FFT）被用作计算的第一阶段，则 Cooley-Tukey FFT 按相反顺序输入量子比特。P_{2^n} 的量子表示为

$$P_{2^n}:\left|a_{n-1}a_{n-2}\cdots a_1a_0\right\rangle\to\left|a_0a_1\cdots a_{n-2}a_{n-1}\right\rangle \tag{4.15}$$

T_{2^n} 是一个对角矩阵，$T_{2^n}=\mathrm{diag}\left[1,\omega_{2^n},\omega_{2^n}^2,\cdots,\omega_{2^n}^{2^n-1}\right]$，$\omega_{2^n}^2=\mathrm{e}^{\frac{-2\mathrm{i}\pi}{2^n}}$，$\mathrm{i}=\sqrt{-1}$。因此，最终乘积矩阵 $P_{2^n}T_{2^n}P_{2^n}$ 可分解为

$$P_{2^n}T_{2^n}P_{2^n}=\left(I_{2^{n-1}}\otimes G\left(\omega_{2^n}^{2^{n-1}}\right)\right)\cdots\left(I_{2^{n-i}}\otimes G\left(\omega_{2^n}^{2^{n-i}}\right)\otimes I_{2^{i-1}}\right)\cdots\left(G\left(\omega_{2^n}\right)\otimes I_{2^{n-1}}\right) \tag{4.16}$$

其中，$G\left(\omega_{2^n}^k\right)=\mathrm{diag}\left(1,\omega_{2^n}^k\right),k=0,1,\cdots,n-1$，并且有

$$G\left(\omega_{2^n}^k\right)=\begin{bmatrix}1&0\\0&\omega_{2^n}^k\end{bmatrix} \tag{4.17}$$

Daubechies 四阶小波核的量子线路[11]如图 4-10 所示。

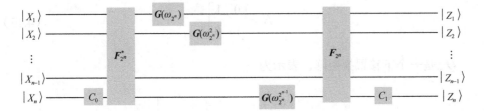

图 4-10　Daubechies 四阶小波核的量子线路

2. 基于量子小波变换的图像去噪

在经典图像处理中，使用小波变换进行基于阈值的图像去噪方法的步骤如下。

（1）将噪声图像（高斯噪声或椒盐噪声）与原始图像相加，形成受损图像。

（2）对受损图像执行多级离散小波分解。

（3）选择合适的阈值。

（4）对合成的小波系数执行硬阈值或软阈值操作。

（5）利用逆离散小波变换对原始图像进行提取和重构。

本节所述基于量子小波变换的量子图像去噪方法的步骤与上述经典图像处理中的图像去噪方法步骤相似。具体说明如下。

（1）使用 FRQI 模型来表示原始图像和噪声图像，引入固定模式量子相变操作，以量子方式替换一定数量的像素。原始图像 $|Q\rangle$ 大小为 $2^n \times 2^n$，其量子表示为

$$|Q\rangle = \frac{1}{2^n} \sum_{i=0}^{2^{2n-1}} (\cos\theta_i \,|0\rangle + \sin\theta_i \,|1\rangle) \otimes |i\rangle \tag{4.18}$$

$$|Q\rangle = \sum_{i=0}^{2^{2n-1}} (|c_i\rangle) \otimes |i\rangle, \theta_i \in \left[0, \frac{\pi}{2}\right], i = 0,1,2,\cdots,2^{2n-1} \tag{4.19}$$

$$|Q\rangle = \sum_{i=0}^{2^{2n-1}} (|c_i\rangle) \otimes |y_i\rangle |x_i\rangle, |y_i\rangle = |y_{n-1}y_{n-2}\cdots y_0\rangle, |x_i\rangle = |x_{n-1}x_{n-2}\cdots x_0\rangle \tag{4.20}$$

其中，$|y_i\rangle |x_i\rangle \in [0,1], i = 0,1,2,\cdots,n$。FRQI 模型的量子线路如图 4-11 所示。

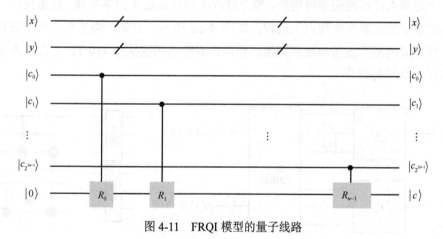

图 4-11　FRQI 模型的量子线路

同样地，大小为 $2^n \times 2^n$ 的噪声图像的量子表示为

$$|N\rangle = \frac{1}{2^n} \sum_{i=0}^{2^{2n-1}} (\cos\theta_i \,|0\rangle + \sin\theta_i \,|1\rangle) \otimes |i\rangle \tag{4.21}$$

给定一个向量 $\boldsymbol{\theta} = (\theta_0, \theta_1, \cdots, \theta_{2n-1})$，$\theta_i \in \left[0, \frac{\pi}{2}\right], i = 0,1,2,\cdots,2^{2n-1}$，考虑使用不同数量的量子门进行幺正变换 P_k 来处理输入状态 $0^{\otimes 2n+1}$，将 FRQI 量子图像转换为相应的噪声图像。

对原始图像 $|Q\rangle$ 执行 Daubechies $D^{(4)}$ 量子小波变换，表示为

$$\text{QWT}(|Q\rangle) = \text{QWT}\left(\frac{1}{2^n}\sum_{i=0}^{2^{2n-1}}(\cos\theta_i\,|0\rangle + \sin\theta_i\,|1\rangle)\otimes|i\rangle\right) =$$

$$\frac{1}{2^n}\sum_{i=0}^{2^{2n-1}}\text{QWT}(\cos\theta_i\,|0\rangle + \sin\theta_i\,|1\rangle\otimes|i\rangle) =$$

$$\sum_{i=0}^{2^{2n-1}}|wc_i\rangle\otimes|i\rangle \tag{4.22}$$

（2）将原始图像与噪声图像相加处理后得到的量子噪声图像 $|P_kN\rangle$ 嵌入小波系数 $\text{QWT}(|Q\rangle)$ 中，嵌入噪声图像后的量子比特为 $\text{QWT}(|QN\rangle)$，表示为

$$\text{QWT}(|QN\rangle) = \text{QWT}(|Q\rangle) + |P_kN\rangle) = \sum_{i=0}^{2^{2n-1}}|wc_i\rangle\otimes|i\rangle \tag{4.23}$$

上述嵌入过程是完全可逆的，整个过程必须符合量子力学原理。这里使用一个基本的量子加法器来实现嵌入过程，如图 4-12 所示。首先，需要两个量子寄存器来存储和编码原始图像和噪声图像。然后，对原始图像执行 QWT，并在嵌入过程中执行一系列 P_k 操作。

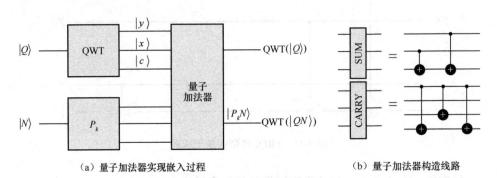

（a）量子加法器实现嵌入过程　　　　　　　　（b）量子加法器构造线路

图 4-12　量子加法器实现嵌入过程

（3）为了实现频域中的阈值操作，本节提出了一种量子预言机（oracle 算子 U_f）作为黑匣子，并利用量子并行原理对图像中的所有像素同时应用阈值操作。在高通或低通滤波的情况下，输出图像是高频图像和低频图像之和。应用阈值操作可以从 $\text{QWT}(|QN\rangle)$ 的最终结果中对低频系数和高频系数分量进行分类，额外的量子比特 $|0\rangle$ 可用于区分高频或低频图像。

在状态 $\text{QWT}(|QN\rangle)\otimes|0\rangle$ 上以 U_f 的形式通过阈值函数来应用量子并行原理

$f:(0,1,2,\cdots,2^{m+2n}-1)\rightarrow(0,1)$。输入状态 $|QN_{\text{out}}\rangle$ 的量子表示为

$$|QN_{\text{out}}\rangle=\left|H_{cf}\right\rangle^{\otimes m}\left|L_{cf}\right\rangle^{\otimes m}|\text{TH}\rangle_{m}\text{QWT}|QN\rangle_{m+2n}|0\rangle=$$

$$|0\rangle^{\otimes m}U_{f}\left(|\text{TH}\rangle_{m}\text{QWT}|QN\rangle_{m+2n}|0\rangle\right)=$$

$$|0\rangle^{\otimes m}\left(\text{QWT}\left(\left|QN^{Hf}\right\rangle\right)+\text{QWT}\left(\left|QN^{Lf}\right\rangle\right)|0\rangle\right) \tag{4.24}$$

（4）小波系数阈值处理量子线路如图 4-13 所示。如果输入系数的状态大于阈值（表示高频分量 H_{cf}），则使用阈值函数来保持输入系数的状态，并在辅助和 C-SWAP 上测量 $|0\rangle$（表示低频分量 L_{cf}），m 位量子寄存器 $|\text{TH}\rangle$ 用于存储阈值。U_{f} 的实现是使用量子比较器完成的。作用于两个量子比较器的幺正变换 U_{CMP} 可表示为

$$U_{\text{CMP}}|a\rangle|b\rangle|0\rangle^{\otimes p}|0\rangle|0\rangle=|a\rangle|b\rangle|\psi\rangle|o_{1}\rangle|o_{2}\rangle \tag{4.25}$$

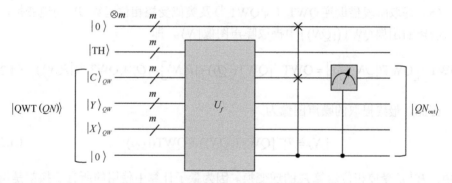

图 4-13　小波系数阈值处理量子线路

上述量子比较器使用 p 位量子寄存器 $|a\rangle$ 和 $|b\rangle$，包含 p 个比较态和两个辅助态，其中，$|o_{1}\rangle$ 和 $|o_{2}\rangle$ 表示比较结果。当 $a=b$ 时，$|o_{1}\rangle=|o_{2}\rangle=0$；当 $a>b$ 时，$|o_{1}\rangle=1,|o_{2}\rangle=0$；当 $a<b$ 时，$|o_{1}\rangle=0,|o_{2}\rangle=1$。

量子比较器如图 4-14 所示。如果 $c\geqslant\text{TH}$，则 U_{f} 翻转 oracle 量子比特，其中，$\text{TH}=|\text{TH}_{1}\rangle|\text{TH}_{0}\rangle$ 表示阈值，$|C\rangle=|C_{1}\rangle|C_{0}\rangle$ 表示修改后的系数。实现 oracle 量子比特翻转的成本随着颜色空间的增加而线性增大，应该注意到，它不取决于输入图像的大小。

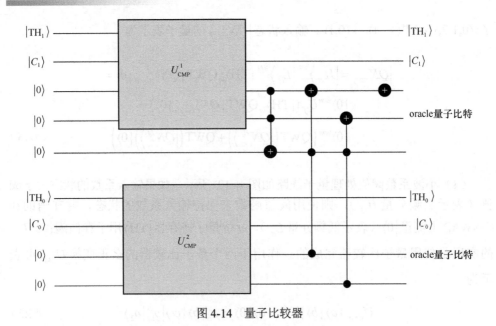

图 4-14　量子比较器

（5）提取阶段借助逆 QWT（即 QWT^{-1}）及类似受控相位运算 P_k 的逆变换，从嵌入噪声的图像 $\mathrm{QWT}(|QN\rangle)$ 中提取噪声图像 $|N\rangle$，即

$$\mathrm{QWT}^{-1}\left[\mathrm{QWT}(|QN_{\mathrm{out}}\rangle)\right]=\mathrm{QWT}^{-1}[\mathrm{QWT}(|Q\rangle)+|P_kN\rangle]=|Q\rangle+\mathrm{QWT}^{-1}(|P_kN\rangle) \quad (4.26)$$

因此，最终提取的噪声图像为

$$|N\rangle=P_k^{-1}[\mathrm{QWT}(|QN\rangle)+\mathrm{QWT}(|Q\rangle)] \quad (4.27)$$

其中，P_k^{-1} 是受控相位运算 P_k 的逆变换。因为量子计算中使用的所有变换都是用酉矩阵描述的，所以嵌入过程是完全可逆的。整个提取过程如图 4-15 所示。

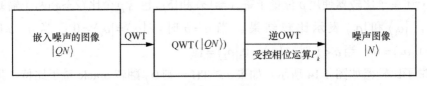

图 4-15　量子噪声图像提取过程

量子态的测量过程以概率分布的形式给出了有关量子态的信息。在大多数图像处理情况下，图像去噪是一个预处理步骤，其结果通常被用作其他操作的输入。因此，检索步骤不是必需的。但图像可以被进一步处理，并且需要在整个量子算法的

末尾进行检索。

本节以大小为 2×2 的灰度图像为例，说明所提的图像去噪方法。使用 FRQI 模型表示原始量子图像，如图 4-16 所示，其计算式如式（4.28）～式（4.31）所示。

$\theta_0=5\pi/10$ 00	$\theta_1=3\pi/10$ 01
$\theta_2=\pi/10$ 10	$\theta_3=7\pi/10$ 11

图 4-16　原始量子图像

$$|Q\rangle = \frac{1}{2^n}\sum_{i=0}^{2^{2n}-1}(\cos\theta_i\,|0\rangle + \sin\theta_i\,|1\rangle)\otimes|i\rangle \tag{4.28}$$

$$\begin{aligned}|Q\rangle = \frac{1}{2}(\cos\theta_0\,|0\rangle + \sin\theta_0\,|1\rangle\otimes|00\rangle + \\ \cos\theta_1\,|0\rangle + \sin\theta_1\,|1\rangle\otimes|01\rangle + \cos\theta_2\,|0\rangle + \\ \sin\theta_2\,|1\rangle\otimes|10\rangle + \cos\theta_3\,|0\rangle + \sin\theta_3\,|1\rangle\otimes|11\rangle)\end{aligned} \tag{4.29}$$

$$|Q\rangle = \frac{1}{2}(|124\rangle|00\rangle + |220\rangle|01\rangle + |150\rangle|10\rangle + |96\rangle|11\rangle) \tag{4.30}$$

$$\begin{aligned}|Q\rangle = \frac{1}{2}(|01111100\rangle|00\rangle + |11011100\rangle|01\rangle + \\ |10100000\rangle|10\rangle + |01100000\rangle|11\rangle)\end{aligned} \tag{4.31}$$

对量子图像执行一系列二维旋转变换，表示为

$$|R(\phi)|Q\rangle = \begin{bmatrix}\cos\phi & -\sin\phi \\ \sin\phi & \cos\phi\end{bmatrix}\begin{bmatrix}\cos\theta \\ \sin\theta\end{bmatrix}\begin{bmatrix}|0\rangle \\ |1\rangle\end{bmatrix} \tag{4.32}$$

$$R(\phi)|Q\rangle = \begin{bmatrix}\cos\phi\cos\theta - \sin\phi\sin\theta \\ \sin\phi\cos\theta + \cos\phi\sin\theta\end{bmatrix}\begin{bmatrix}|0\rangle \\ |1\rangle\end{bmatrix} \tag{4.33}$$

$$R(\phi)|Q\rangle = \begin{bmatrix}\cos(\phi+\theta) \\ \sin(\phi+\theta)\end{bmatrix}\begin{bmatrix}|0\rangle \\ |1\rangle\end{bmatrix} \tag{4.34}$$

假设 $\phi = 90°, \theta = 45°$ ，则有

$$R(\phi)|Q\rangle = \cos(\phi+\theta)|0\rangle + \sin(\phi+\theta)|1\rangle = \cos(135°)|0\rangle + \sin(135°)|1\rangle \quad (4.35)$$

使用量子旋转操作来产生噪声图像，表示为

$$|N\rangle = \frac{1}{2}(|100\rangle|00\rangle + |200\rangle|01\rangle + |170\rangle|10\rangle + |64\rangle|11\rangle)$$

$$|N\rangle = \frac{1}{2}(|01100100\rangle|00\rangle + |11001000\rangle|01\rangle + \\ |10101010\rangle|10\rangle + |01000000\rangle|11\rangle) \quad (4.36)$$

首先，对原始图像 $|Q\rangle$ 和噪声图像 $|N\rangle$ 相加的结果执行 Daubechies $D^{(4)}$ ，得到它的量子小波系数为

$$\mathrm{QWT}(|Q\rangle) = \frac{1}{2}[\mathrm{QWT}(|100\rangle|00\rangle + |200\rangle|01\rangle + |170\rangle|10\rangle)] \quad (4.37)$$

$$\mathrm{QWT}(|Q\rangle) = \frac{1}{2}[\mathrm{QWT}(|01100100\rangle|00\rangle + |11001000\rangle|01\rangle + \\ |10101010\rangle|10\rangle + |01000000\rangle|11\rangle)] \quad (4.38)$$

$$\mathrm{QWT}(|N\rangle) = \frac{1}{2}[\mathrm{QWT}(|01100100\rangle|00\rangle + |11001000\rangle|01\rangle + \\ |10101010\rangle|10\rangle + |01000000\rangle|11\rangle)] \quad (4.39)$$

$$\mathrm{QWT}(|QN\rangle) = \mathrm{QWT}(|Q\rangle + |N\rangle) \quad (4.40)$$

在输入图像 $|QN\rangle$ 上应用 QWT 后，图像信息被分为低频信息和高频信息。然后，使用 oracle 算子和阈值函数，将输入图像分为低频分量和高频分量。

4.2　量子图像复原算法

4.2.1　基于 R-L 算法的量子图像复原算法

影响图像质量的因素有很多，如成像过程中的运动模糊、相机的硬件系统和信

息传输过程中的噪声污染等。基于贝叶斯定理，Richardson 和 Lucy 提出了 R-L（Richardson-Lucy）算法[12-13]。R-L 算法利用贝叶斯理论推导图像迭代复原的基本框架，属于非线性的空间域图像复原算法。

1. 经典的 R-L 算法

图像退化是指在成像和传输过程中图像受到外界因素干扰而影响图像质量的过程[14-15]。退化图像的复原问题一般有以下两种情况。

（1）对于缺少先验知识的图像 $f(x,y)$，首先对退化过程（模糊函数 W 和噪声 N）建立模型；然后重复实验，确定消除退化影响的过程。

（2）对于具备先验知识的图像信息，利用先验知识对原始图像建立数学模型，在模型基础上对退化图像 $g(x,y)$ 进行算法迭代估计，以产生较好的复原结果。

R-L 算法属于第一种情况，它通过相邻像素信息估计模糊信息，完成图像复原过程。贝叶斯公式如下

$$P(x\,|\,y)=\frac{P(y\,|\,x)P(x)}{\int P(y\,|\,x)P(x)\mathrm{d}x} \tag{4.41}$$

假设由原始图像 $f(x,y)$ 得到退化图像 $g(x,y)$，则 $P(f\,|\,g)$ 应该有最大概率，应用贝叶斯方法进行迂回求解可得

$$P(f\,|\,g)=\frac{P(g\,|\,f)P(f)}{P(g)} \tag{4.42}$$

$P(g\,|\,f)$ 可以通过泊松统计模型来求解，即

$$P(x)=\frac{u^{x}\mathrm{e}^{-u}}{x!} \tag{4.43}$$

其中，u 表示一定时间范围内事件发生的平均次数。假设退化图像 g 中各个像素点之间互相独立，由泊松统计模型可得

$$P(g\,|\,f)=\prod_{(x,y)}\frac{h(x,y)*f(x,y)^{g(x,y)}\mathrm{e}^{-(h(x,y)*f(x,y))}}{g(x,y)!} \tag{4.44}$$

其中，$u=h(x,y)*f(x,y)$，$*$ 表示卷积，这样就可以与泊松统计模型相对应。

图像处理中的数学模型很多是由泊松统计模型建立的，而按照泊松噪声的统计标准，R-L 算法对定点扩散函数的退化图像进行反卷积迭代推演，充分考虑了信号

的统计涨落特性。最大似然估计值通过多次迭代得到，即

$$P_{r+1}(f_i) = P_r(f_i) \sum_k \frac{P(g_k \mid f_i)P(g_k)}{P(g_k \mid f_j)P(f_j)} \tag{4.45}$$

其中，$i = 1,\cdots,N$，$k = 1,\cdots,K$，$P_{r+1}(f_i) = \frac{f_{i,r+1}}{f}$，$P_r(f_i) = \frac{f_{i,r}}{f}$，$P(g_k \mid f_i) = \frac{h_{i,k}}{h}$，

$P(g_k) = \frac{g_k}{g}$，$h_{i,k}$ 是点扩散函数的元素值，r 是迭代次数。由贝叶斯假设估计出初

始值 $P_0(f_i) = \frac{1}{N}$，$f_{i,0} = \frac{f}{N}$ 是初始图像 f 和退化图像 g 出现的总次数。图像复原是

一个能量守恒的过程，则有 $\sum_i f_i = \sum_i g_i$，因此，式（4.45）可写为

$$\frac{f_{i,r+1}}{f} = \frac{f_{i,r}}{f} \sum_k \frac{\dfrac{h_{i,k}}{h}\dfrac{g_k}{f}}{\sum_j \dfrac{h_{j,k}}{h}\dfrac{f_{j,r}}{f}} \tag{4.46}$$

在迭代过程中，图像的像素值可以用迭代的概率值表示。其中，$f_{i,r}$ 表示原始
图像在第 r 次迭代中的第 i 个结果，h 为模糊矩阵的归一化函数。

在迭代过程中，有

$$f_{i,r+1} = f_{i,r} \sum_k \frac{h_{i,k}g_k}{\sum_j h_{j,k}f_{j,r}} \tag{4.47}$$

设 f_k 是图像 f 的估计值，则在 R-L 算法中，迭代更新 f_k 的过程为

$$F_{K+1} = F_K \left(\hat{h} * \frac{G}{\hat{h} * F_K} \right) \equiv \Psi(F_K) \tag{4.48}$$

其中，F_K 表示图像第 K 次迭代过程，$\Psi(F_K)$ 表示 R-L 算法模型。

2. 量化的 R-L 算法

R-L 复原算法通过不断迭代逐渐收敛退化图像，并恢复成原始图像，使其变得
清晰。下面介绍量化的 R-L 算法，并使用量化的 R-L 算法进行量子图像的复原。

退化图像 $I = g(x,y)$ 是一个是由经典矩阵模型转换而来的 $2^n \times 2^n$ 的矩阵。为了
将退化图像转换为量子图像，首先需要有一个满足归一化条件的向量

$\theta = \left(\theta_0, \theta_1, \cdots, \theta_{2^{2n-1}} \right) \left(n \in \mathbb{N} \right)$。向量元素表示角度信息，其中每个角度表示不同颜色。制备量子图像主要分为以下两步。

（1）初始化。将初始量子态 $|0\rangle^{\otimes 2n+1}$ 演化为量子态 $|H\rangle$。$|H\rangle^{\otimes 2n+1}$ 表示 $2n$ 个 Hadamard 门的张量积。假设 $i = XY$，对 $|0\rangle^{\otimes 2n+1}$ 应用 Φ 操作，$\Phi = I \otimes |H\rangle^{\otimes 2n}$，得到 $|H\rangle$，如式（4.49）所示。

$$\Phi(|0\rangle^{\otimes 2n+1}) = \frac{1}{2^n}|0\rangle \otimes \sum_{YX=0}^{2^n-1}|i\rangle = |H\rangle \tag{4.49}$$

对初始量子态 $|0\rangle$ 进行 Hadamard 变换，使其变换到中间态，从而准备用相位表示颜色信息。

（2）制备 FRQI 量子图像。将 $|H\rangle$ 用受控旋转操作变换为 $|I\rangle$，如式（4.50）所示。

$$\boldsymbol{R}_y\boldsymbol{R}_i|H\rangle = \boldsymbol{R}_y(\boldsymbol{R}_i|H\rangle) = \frac{1}{2^n}[|0\rangle \otimes \left(\sum_{i=0,i\neq b,j}^{2^{2n-1}}|i\rangle\langle i| \right) +$$
$$(\cos\theta_b|0\rangle + \sin\theta_b|1\rangle) \otimes |b\rangle + (\cos\theta_a|0\rangle + \sin\theta_a|1\rangle) \otimes |a\rangle] \tag{4.50}$$

其中，$i = 0,1,\cdots,2^{2n-1}$，旋转矩阵 $\boldsymbol{R}_y$ 和受控旋转矩阵 $\boldsymbol{R}_i$ 分别为

$$\boldsymbol{R}_y(2\theta_i) = \begin{pmatrix} \cos\theta_i & -\sin\theta_i \\ \sin\theta_i & \cos\theta_i \end{pmatrix} \tag{4.51}$$

$$\boldsymbol{R}_i = \left(I \otimes \sum_{j=0,j\neq i}^{2^{2n-1}}|j\rangle\langle j| \right) + \boldsymbol{R}_y(2\theta_i) \otimes |i\rangle\langle i| \tag{4.52}$$

则可得

$$R|H\rangle = \left(\prod_{i=0}^{2^{2n-1}}R_i \right)|H\rangle = |I(\theta)\rangle \tag{4.53}$$

量子比特序列 $|YX\rangle$ 决定了图像像素的二维坐标（即位置信息），量子态 $\cos\theta_{YX}|0\rangle + \sin\theta_{YX}|1\rangle$ 的振幅决定了相应的颜色信息，位置信息和颜色信息是相互纠缠的。在叠加态下，所有像素对应的基向量都是等权值相加的。

在制备量子图像的过程中，通过量子费希尔（Fisher）信息计算相位匹配条件[16]，量子 Fisher 信息可以提高像素状态的相位灵敏度。考虑到马赫–曾德尔干涉的

输入状态是 $\rho = \rho_1 \otimes \rho_2$，一端口 ρ_1 是 FRQI 模型的相干像素状态 $|\beta\rangle\langle\beta|$，二端口 ρ_2 是相干的叠加态 $|\alpha\rangle + \langle\alpha|$。为了更方便地表示，令 $|\alpha\rangle = |\alpha|e^{i\theta_\alpha}, |\beta\rangle = |\beta|e^{i\theta_\beta}$，一般相位匹配条件可以表示为

$$\left|\mathrm{Arg}\left(\langle a^2\rangle\right) - \mathrm{Arg}\left(\langle b^2\rangle\right)\right| = \pi \tag{4.54}$$

其中，a 和 b 分别表示两个端口的湮灭算法。量子图像的像素状态的一般相位匹配条件为

$$\left|\theta_\alpha - \theta_\beta\right| = \frac{\pi}{2} \tag{4.55}$$

在上述条件下，量子 Fisher 信息为

$$2|\beta|^2|\alpha|^2\tanh|\alpha| + |\beta|^2 + |\alpha|^2\tanh|\alpha| + 2|\beta|^2|\alpha|^2 \tag{4.56}$$

当 $|\alpha| \geq 2$ 时，$\tanh|\alpha|$ 无限接近于 1，则量子 Fisher 信息可以简化为 $4|\beta|^2|\alpha|^2\tanh|\alpha| + |\beta|^2 + |\alpha|^2\tanh|\alpha|$。

这里，量子 Fisher 信息不超过 $(|\alpha|^2 + |\beta|^2)^2 + |\beta|^2 + |\alpha|^2$，$|\beta|^2 + |\alpha|^2 = 2^{2n}$ 是量子图像的像素总数。根据一般相位匹配条件，实现最理想的量子 Fisher 信息的条件是 $\beta = \pm i\alpha$。在提高相位灵敏度后，通过受控旋转操作就可以复原退化图像。

第一个受控旋转函数表示为

$$P_1(f_i) = P_0(f_i)\sum_k \frac{P(h_{i,k})P(g_k)}{\sum_j P(h_{j,k})P_0(f_j)} = f_1 \tag{4.57}$$

其中，$i = 0,1\cdots$，$P_0(f_i) = P_0(f_j) = \frac{1}{2}$。假设第一次迭代时原始图像处于中间态，$g(x,y)$ 为量子图像的经典表示矩阵，其元素为 $g_k = \sin^2\theta_k$，也是量子态 ψ 在 $|1\rangle$ 量子比特上振幅的平方。

上述迭代过程中辅助量子比特不断增加，但在最后一次迭代中，先前量子寄存器上的辅助量子比特成为控制比特。经过第 r 次受控旋转操作就会得到 R_{r+1} 的状态，也就可以得到当前状态的概率为

$$P_{r+1}(f_i) = P_r(f_i)\sum_k \frac{P(h_{i,k})P(g_k)}{\sum_j P(h_{j,k})P_r(f_j)} = f_{r+1} \tag{4.58}$$

在振幅上应用受控旋转门来调整量子态 ψ 的相位角度。通过泡利自旋算符多次迭代构造关于 f_i 的受控旋转操作，根据一般相位匹配条件调整相位角度。为了给下一个受控旋转操作提供数据，需要对第一个受控旋转操作投影来测量不同量子态的概率。在进行受控旋转操作后，量子态变为 $\sqrt{1-f_{i,r+1}}|0\rangle + \sqrt{f_{i,r+1}}|1\rangle$。

当处理完所有像素，并且每个像素从第一个寄存器接收到一个量子态后。将得到一个新的量子图像为

$$\left|I_f\right\rangle = \frac{1}{2^n}\sum_{i=0}^{2^n-1}\left(\sqrt{1-f_{i,r+1}}\,|0\rangle + \sqrt{f_{i,r+1}}\,|1\rangle\right)|i\rangle \tag{4.59}$$

将其转换为 FRQI 模型表示为

$$\left|I_f\right\rangle = \frac{1}{2^n}\sum_{i=0}^{2^n-1}\left(\cos\theta_i'|0\rangle + \sin\theta_i'|1\rangle\right)|i\rangle \tag{4.60}$$

其中，θ_i' 表示每个像素点对应的相位。

但是该算法必须预先设置辅助量子比特的数量，以便控制寄存器的数量。利用受控旋转操作实现退化图像复原的过程如图 4-17 所示。这里我们设计的量子线路已达到复原退化图像的目的，图 4-17 中的 P 即实现复原的受控旋转操作。

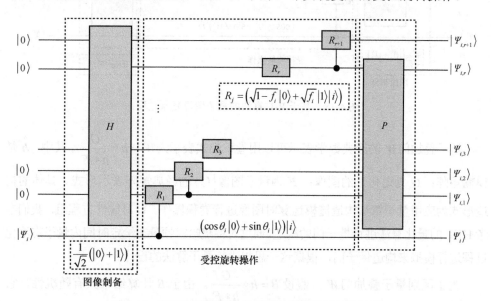

图 4-17 利用受控旋转操作实现退化图像复原的过程

3．基于构造新的量子门叠加受控旋转操作的量子图像复原过程

本节介绍一种通过构造新的量子门来实现图像复原的方法，即在 $|I_f\rangle$ 叠加结束后进行受控旋转操作。根据经典的 R-L 算法，需要在得到量子图像表示后再对图像进行卷积操作来得到新的量子图像。量子化的 R-L 图像可以表示为 $|\psi(f)\rangle = W|I_f\rangle$，其中，$|\psi(f)\rangle$ 是最终的量子图像表示；W 是量子叠加门，其构造方式与受控旋转后的图像和图像退化方式有关。基于 R-L 算法的量子图像复原过程如图 4-18 所示，使用量化的 R-L 算法，在经过受控旋转操作后，进行滤波复原。

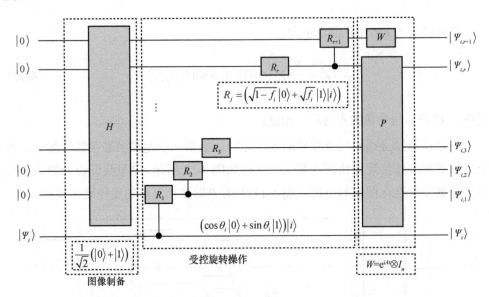

图 4-18　基于 R-L 算法的量子图像复原过程

量子叠加门 W 的经典数学表示可以用卷积形式表示为 $W = \hat{h} * \dfrac{G}{\hat{h} * F}$。其中，$\hat{h}$ 是模糊矩阵；G 为退化后的图像；F 为量子图像 $|I_f\rangle$ 的经典矩阵表示形式。具体的构造形式为应用量子算法构造掩模运算对图像进行卷积操作。针对线性方程组，我们参考 HHL 的量化算法进行量子门的构造，通过对稀疏哈密顿量在给定时间内量子态演化过程进行模拟来构造量子门，根据这一思想进行量子算法的设计。

为了区别量子叠加门 W，假设 $B = \hat{h} * \dfrac{G}{\hat{h} * F}$。由于 B 计算结果具有随机性，它并不是厄米矩阵，在此我们直接用它构建一个厄米矩阵，即

$$A = \begin{pmatrix} 0 & B \\ B^+ & 0 \end{pmatrix} \tag{4.61}$$

应用非稀疏哈密顿模拟方法，我们可以得到在一定时间 t 内 A 的演化过程为

$$W = e^{iAt} \otimes I_n \tag{4.62}$$

至此，我们得到了一个量子叠加门 W 作为量子化的 R-L 函数。

接下来需要将 $|I_f\rangle$ 由量子态转化为经典的矩阵形式进行表示。通过进行多个 Hadamard 门的连续作用，我们可以得到经典矩阵向右侧卷积的结果，在此基础上进一步对退化图像 $|I_f\rangle$ 进行去退化处理则可以得到新的复原后的量子图像。

4. 仿真结果分析

本节对所述图像复原算法进行仿真分析，仿真结果如图 4-19 所示。原始图像如图 4-19（a）所示。对原始图像进行运动模糊，偏移角度和长度分别为 8° 和 10，并叠加噪声密度为 0.000 1 的高斯噪声，得到的退化图像如图 4-19（b）所示。使用本节所述图像复原算法对退化图像进行复原，20 次迭代后得到的复原图像如图 4-19（c）所示。仿真结果显示，复原图像的峰值信噪比可以达到 26.477 6 dB。并且，当图像的运动模糊偏移量较大时，复原后图像的运动模糊度会减小，仅在图像边缘处出现钟纹，且图像内容恢复相对接近于原始图像；但是当图像的运动模糊偏移量较小时，复原图像的峰值信噪比将达到 33.654 1 dB。

（a）原始图像　　　　（b）运动模糊和噪声图像　　　（c）处理后的复原图像

图 4-19　图像复原算法仿真结果

我们对 100 张图像进行仿真模拟，仿真参数与仿真结果如表 4-1 所示。分析表 4-1 可以发现，迭代次数对图像复原效果十分重要，仿真图片迭代次数在 10 次时对各类模糊影响的恢复都有较好的效果。

表 4-1　仿真参数与仿真结果

仿真实验编号	迭代次数/次	模糊类型	长度	角度	噪声类型	噪声密度	峰值信噪比/dB
1	20	高斯	9	10°	高斯	0.000 1	26.477 6
2	50	运动	21	20°	高斯	0.000 1	25.455 4
3	50	运动	10	20°	—	—	33.654 1
4	10	运动	21	10°	高斯	0.001	27.586 8
5	10	运动	21	10°	高斯	0.000 1	29.554 6

多次调整参数进行仿真后可以发现，虽然各参数在复原图像的过程中也起到了至关重要的作用，但是在大多数情况下，迭代次数的调整会大幅影响图像复原的效果。

4.2.2　基于约束的最小二乘法滤波的量子图像复原算法

目前，对于量子图像处理算法的研究还处于起步阶段，而图像去噪算法在现有的经典图像处理算法中是比较基础且十分重要的一类算法。量子图像处理算法领域中，对于图像滤波的研究现已逐步深入，但是大多学者将研究的重心放在去除噪声方面，对于同样常见的图像退化问题，如外界因素造成模糊导致的图像退化等问题则很少涉及。本节主要对模糊导致的图像退化问题进行研究，对一种基于约束的最小二乘法滤波的量子图像复原算法进行介绍与讨论。

1. 基于约束的最小二乘法滤波

图像复原是图像处理的重要组成部分，有助于解决图像处理过程中传输信息的失真和退化问题[17]。图 4-20 给出了图像退化过程，其可以简要概括如下：初始图像 $f(x, y)$ 受模糊函数 W 的影响产生退化行为，退化图像 $g(x, y)$ 又受噪声 $n(x, y)$ 干扰最终输出污染图像 $g'(x, y)$。

如图 4-20 所示，图像采集的输入输出的关系可表示为

$$g'(x, y) = W[f(x, y)] + n(x, y) \tag{4.63}$$

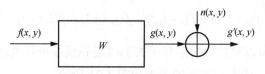

图 4-20　图像退化过程

用矩阵形式表示为 $G = WF + N$，其中，F 和 N 分别为初始图像和噪声的矩阵形式。

图像复原的过程中，基于约束的最小二乘法滤波法需要知道污染噪声的参数，以此对噪声类型进行推断。基于约束的最小二乘法滤波法实现图像去模糊的关键在于降低退化函数对噪声的敏感程度，我们可以构造带约束条件的最小准测函数，表示为

$$C = \sum_{0}^{M-1} \sum_{0}^{N-1} [\nabla^2 f(x,y)]^2 \tag{4.64}$$

式（4.64）的约束条件是 $\left\| G - W\hat{F} \right\|_2^2 = \left\| N \right\|_2^2$。其中，$\hat{F}$ 是退化图像的预估值。

拉普拉斯算子 ∇^2 是具有平滑性的。由于我们需要降低退化函数对噪声的敏感程度，因此需要在约束条件下求得函数的最小值。这里采用拉格朗日乘子方法，将约束项转化为拉格朗日乘子项以求解约束条件下的函数最小值。

连续函数 $f(x,y)$ 在 (x,y) 处拉普拉斯变换表达式为

$$\nabla^2 f = \frac{\partial^2 f}{\partial x^2} + \frac{\partial^2 f}{\partial y^2} \tag{4.65}$$

对于数字图像，可以通过差分计算得到 x 处的变换为

$$\frac{\partial^2 f}{\partial x^2} = \frac{\partial (f(i+1,j) - f(i,j))}{\partial x} = f(i+1,j) - 2f(i,j) + f(i-1,j) \tag{4.66}$$

同样地，可以得到 y 处的变换为

$$\frac{\partial^2 f}{\partial y^2} = f(i,j+1) - 2f(i,j) + f(i,j-1) \tag{4.67}$$

结合上述由数字图像差分计算得到的 x 和 y 处的变换式，可以得出离散函数 $f(x,y)$ 的拉普拉斯变换为

$$\nabla^2 f = f(i+1,j) + f(i-1,j) + f(i,j+1) + f(i,j-1) - 4f(i,j) \qquad (4.68)$$

同样地，我们可以对拉普拉斯算子的 3×3 卷积模板进行表示。数字图像像素的位置和拉普拉斯算子的卷积模板的关系如图 4-21 所示。

$f(i-1,j-1)$	$f(i-1,j)$	$f(i-1,j+1)$
$f(i,j-1)$	$f(i,j)$	$f(i,j+1)$
$f(i+1,j-1)$	$f(i+1,j)$	$f(i+1,j+1)$

0	1	0
1	−4	1
0	1	0

（a）数字图像像素的位置　　　　　　　（b）拉普拉斯算子的卷积模板

图 4-21　数字图像像素的位置与拉普拉斯算子的卷积模板的关系

把约束项转换为拉格朗日乘子项后，可以得到构造函数表达式为

$$\left\| P\hat{F} \right\|_2^2 - \lambda \left(\left\| G - W\hat{F} \right\|_2^2 - \left\| N \right\|_2^2 \right) \qquad (4.69)$$

其中，采用不同的点扩散函数对退化图像进行处理，从而实现图像复原；P 为拉普拉斯算子的傅里叶变换，即

$$P = \begin{pmatrix} 0 & -1 & 0 \\ -1 & 4 & -1 \\ 0 & -1 & 0 \end{pmatrix} \qquad (4.70)$$

2. 基于约束的最小二乘法滤波的量子图像复原步骤

如前文所述，应用基于约束的最小二乘法滤波的量子图像复原的关键在于降低模糊函数 W 对噪声的敏感程度，G 是受外界噪声等因素影响生成的退化模型，退化图像就是初始图像和外界系统进行卷积后的输出结果。采集到图像信息后，输入图像经过系统得到原始图像 $f(x,y)$ 在退化模型的作用下输出退化图像 $g(x,y)$ 和噪声 $n(x,y)$ 叠加后的污染图像。

（1）基于拉普拉斯算子的量子线路实现

要实现退化图像的复原，针对上述提到的退化模型，我们首先需要通过循环移

位操作得到卷积模板邻域的像素值，然后应用拉普拉斯算子进行梯度值的计算，如算法 4.1 所示。我们可以根据一些基础量子门来设计一个用于实现量化的拉普拉斯算子的量子黑盒 U_L。

算法 4.1　拉普拉斯算子计算梯度值

输入　原始图像 I_{xy}，$\left| I \right\rangle = \dfrac{1}{2^n} \displaystyle\sum_{YX=0}^{2^n-1} \left| C_{YX} \right\rangle \left| YX \right\rangle$

步骤 1　$C(y-)$，将 I_{xy} 向上移动一个单位，$I_{xy-1} = C(y-)I_{xy} = \dfrac{1}{2^n} \displaystyle\sum_{YX=0}^{2^n-1} \left| C_{Y-1X} \right\rangle \left| YX \right\rangle$

步骤 2　$C(x-)$，将 I_{xy} 向左移动一个单位，$I_{x-1y} = C(x-)I_{xy} = \dfrac{1}{2^n} \displaystyle\sum_{YX=0}^{2^n-1} \left| C_{YX-1} \right\rangle \left| YX \right\rangle$

步骤 3　$C(x+)$，将 I_{xy} 向右移动一个单位，$I_{x+1y} = C(x+)I_{xy} = \dfrac{1}{2^n} \displaystyle\sum_{YX=0}^{2^n-1} \left| C_{YX+1} \right\rangle \left| YX \right\rangle$

步骤 4　$C(y+)$，将 I_{xy} 向下移动一个单位，$I_{xy+1} = C(y+)I_{xy} = \dfrac{1}{2^n} \displaystyle\sum_{YX=0}^{2^n-1} \left| C_{Y+1X} \right\rangle \left| YX \right\rangle$

图 4-22 给出了量化拉普拉斯算子的量子线路，其输入为循环移位后的图像像素值，通过加法、减法操作和倍值操作（DO），最终得到梯度计算结果。

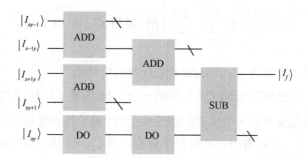

图 4-22　量化拉普拉斯算子的量子线路

（2）量子图像的去模糊复原

根据退化模型 $G = WF + N$，可以得到 $N = G - WF$。当噪声信号的先验知识不足时，图像复原过程需要尝试找到退化图像的估计值 $\hat{f}$，这就需要使 $W\hat{f}$ 和 g 之间均方误差尽可能小，换句话说，最小均方误差意味着 $W\hat{f}$ 无限接近于 g。为了解决上述问题，我们引入拉普拉斯算子，通过平滑措施来降低模糊矩阵对噪声的敏感程度。如果需要空间域滤波方式，则需要解决原始图像最小二乘法估计值的问题。

根据初始态，可以通过以下步骤构建 NEQR 模型。

① 通过单量子门 I（恒等门）和 H（Hadamard 门）将初始量子态转换为图像所有像素的等权叠加，表达式为

$$U_1 = I^{\otimes q} \otimes H^{\otimes 2n} \tag{4.71}$$

将 U_1 作用于量子图像初始量子态上时，图像初始量子态 $|\psi\rangle$ 中的所有像素等权叠加，转换为中间量子态 $|\psi_1\rangle$，图像量子态演化过程可表示为

$$U_1|\psi\rangle = (I|0\rangle)^{\otimes q} \otimes (H|0\rangle)^{\otimes 2n} = \frac{1}{2^n}|0\rangle^{\otimes q} \otimes \sum_{i=0}^{2^n-1}|i\rangle = |\psi_1\rangle \tag{4.72}$$

② 对中间态 $|\psi_1\rangle$ 的每个像素进行颜色位赋值。在新的量子图像中，图像的像素以叠加态的形式存在，即对于大小为 $2^n \times 2^n$ 的图像，需要 $2^n \times 2^n$ 个子操作对每个像素进行颜色位赋值。假设针对每个像素的子操作为 Ω_{YX}，由于对这个像素的操作不会对其他像素的信息产生影响，因此针对图像中各个像素的子操作可以表示为

$$U_{YX} = \left(I \otimes \sum_{j=0,j\neq Y}^{2^n-1} \sum_{i=0,i\neq X}^{2^n-1} |ji\rangle\langle ji| \right) + \Omega_{YX} \otimes |YX\rangle\langle YX| \tag{4.73}$$

其中，Ω_{YX} 代表对位置为 (Y,X) 的像素进行颜色位赋值。

图像的颜色信息保存在 NEQR 模型的一个 q bit 的量子比特序列中，可以通过 q 个量子比特操作完成对于一个像素的颜色位赋值，对于每个像素的颜色位都需要完成 $|0\rangle \rightarrow |0 \oplus C_{YX}^i\rangle$。可以看出，针对每个像素，当 $C_{YX}^i = 1$ 时，颜色位赋值操作 Ω_{YX} 可以看作 $2n-$CNOT 量子门操作；否则认为 Ω_{YX} 操作未发生。

操作 U_{YX} 作用于中间态 $|\psi_1\rangle$ 时，整个系统的量子演化过程可表示为

$$U_{YX}|\psi_1\rangle = U_{YX}\left(\frac{1}{2^n} \sum_{j=0}^{2^n-1} \sum_{i=0}^{2^n-1} |0\rangle^{\otimes q}\langle ji| \right) =$$
$$\frac{1}{2^n}\left(\sum_{j=0}^{2^n-1} \sum_{i=0,ji\neq YX}^{2^n-1} |0\rangle^{\otimes q}\langle ji| + |f(Y,X)\rangle|YX\rangle \right) \tag{4.74}$$

此时，仅对位置为 (Y,X) 的像素进行颜色位赋值，依此类推，当对量子图像中所有像素的颜色位赋值操作 Ω_{YX} 都完成后，量子图像表示模型就构建完毕了。

当图像表示形式从经典图像转换为 NEQR 模型后，通过循环移位操作可以得到平移后的数据集。图像复原主要分为以下 3 个步骤。

① 移位得到一系列图像集。对原始图像 I_{xy} 进行循环移位操作，可以得到一系列量子图像 $\{I_{xy}, I_{xy-1}, I_{x-1y}, I_{xy+1}, I_{x+1y}\}$。

② 计算梯度值。根据拉普拉斯卷积模板，计算量化的拉普拉斯算子的图像梯度值，即

$$
\begin{aligned}
&|M_0\rangle = \text{qADD}(I_{xy-1}, I_{x-1y}), |M_1\rangle = \text{qADD}(I_{x+1y}, I_{xy+1}) \\
&|M_2\rangle = \text{qADD}(|M_0\rangle, |M_1\rangle), |M_3\rangle = \text{qADD}(I_{xy}, I_{xy}) \\
&|M_4\rangle = \text{qADD}(|M_3\rangle, |M_3\rangle), |L\rangle = \text{qSUB}(|M_2\rangle, |M_4\rangle)
\end{aligned}
\tag{4.75}
$$

将处理后的图像存储在 $|I_f\rangle$ 中，则有

$$
|I_f\rangle = \frac{1}{2^n} \sum_{YX=0}^{2^n-1} f_L(Y, X)|YX\rangle
\tag{4.76}
$$

③ 通过约束条件得到函数的最小值会极大地损耗计算资源。通过频域滤波，可以将 $|I_f\rangle$ 的表示形式转换为

$$
|I_F\rangle = \left[\frac{\text{FT}^*}{\text{FT}^*\text{FT} + \gamma|P|^2}\right]|I_G\rangle
\tag{4.77}
$$

其中，$|I_F\rangle$ 是退化图像估计值的傅里叶变换；$|I_G\rangle$ 是模糊图像的傅里叶变换；γ 是一个超参数，可以通过先验知识进行调整，从而改变滤波算子的影响值；FT 是模糊矩阵的傅里叶变换；FT^* 是 FT 的共轭复数。如果 $\gamma = 0$，那么基于约束的最小二乘法滤波就简化为逆滤波技术。

3. 算法分析

（1）量子线路的复杂度分析

如前文所述，对于大小为 $2^n \times 2^n$ 的量子图像，一个 n bit 受控非门的量子线路复杂度与 $2(n-1)$ 个 Toffoli 门和一个受控非门的量子线路复杂度相同，且可以使用 6 个受控非门来进行 Toffoli 门的搭建模拟。本节中量子线路的复杂度主要分为两部分：一部分是构建 NEQR 模型，另一部分则是拉普拉斯算子的梯度计算。

在算法初始化阶段，使用量子线路对 NEQR 模型进行构造。由于一些操作会对各个像素进行逐个处理，构建 NEQR 模型的计算复杂度不超过 $O(qn2^{2n})$。在拉普拉斯算子的量子线路的设计过程中，为得到 3×3 邻域的像素值共进行 4 次循环移位操作，每次循环操作的时间复杂度都为 $O(n^2)$。根据拉普拉斯算子的卷积模板，量子线路的复杂度主要来自 5 个加法器和一个减法器。也就是说，量子黑盒 U_L 的总复杂度为 $O(2^{q+3}-2)$。

因此，对于大小为 $2^n\times2^n$ 的数字图像，其量子图像去模糊复原的复杂度为

$$O(qn2^{2n}+4n^2+5(8q-4)+3q^2+2^{q+3}-2)=$$
$$O(qn2^{2n}+4n^2+3q^2+40q+2^{q+3}-22)=$$
$$O(qn2^{2n}+n^2+2^{q+3}) \tag{4.78}$$

换句话说，NEQR 模型被构建后，基于约束的最小二乘法滤波的量子图像复原算法的复杂度约为 $O(n^2+2^{q+3})$，与大多数经典算法相比，实现了计算的加速。

（2）仿真分析

本节对所述基于约束的最小二乘法滤波的量子图像复原算法进行仿真分析，仿真结果如图 4-23 所示。原始图像如图 4-23（a）所示。对原始图像进行运动模糊，偏移角度为 11°，偏移长度为 21，得到的运动模糊图像如图 4-23（b）所示。对运动模糊图像叠加噪声密度为 0.000 1 的高斯噪声，得到的退化图像如图 4-23（c）所示。使用本节所述算法对退化图像进行复原，得到的复原图像如图 4-23（d）所示。计算可得，运动模糊图像和加入噪声后的退化图像的峰值信噪比分别为 23.118 4 dB 和 23.111 2 dB，复原图像的峰值信噪比为 31.678 5 dB。可以看出，基于约束的最小二乘法滤波的量子图像复原算法有较好的复原效果。

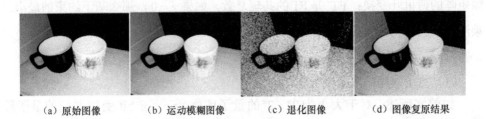

（a）原始图像　　　　（b）运动模糊图像　　　　（c）退化图像　　　　（d）图像复原结果

图 4-23　基于约束的最小二乘法滤波的量子图像复原算法仿真结果

对 100 张图片采用不同参数进行仿真实验，仿真参数与仿真结果如表 4-2 所示。从表 4-2 可以看出，当噪声密度较小时，此算法具有较好的复原效果。

表 4-2　仿真参数与仿真结果

仿真实验编号	运动模糊角度	运动模糊长度	噪声密度	运动模糊图像 PSNR/dB	退化图像 PSNR/dB	复原图像 PSNR/dB
1	11°	21	0.000 1	23.118 4	23.111 2	31.678 5
2	20°	22	0.008	21.667 3	18.373 6	21.565 6
3	10°	20	0.08	21.805 5	11.872 4	21.455 8
4	11°	23	0.1	21.319 5	11.129 5	21.900 5

4．算法总结

本节介绍了基于约束最小二乘法滤波的量子图像复原算法。对于大小为 $2^n \times 2^n$ 的图像，算法实现了基于拉普拉斯算子的量子线路，能够解决图像模糊问题。仿真结果表明，该算法具有良好的图像复原效果，对于 NEQR 模型，可以在不超过 $O(qn2^{2n} + n^2 + 2^{q+3})$ 的计算复杂度下搭建量子线路，并且对图像进行去模糊处理。实际中，受外界环境的影响，图像模糊一直是需要解决的问题，与经典计算机相比，量子计算机处理此类问题具有较大的优势。

4.3　本章小结

本章详细介绍了量子图像的去噪和复原算法。首先，介绍了基于 NEQR 模型的去噪算法和量子小波变换的图像去噪技术，在基于 NEQR 模型的去噪算法中，介绍了用于处理椒盐噪声的 Q-均值滤波算法、用于滤除高斯噪声的 Q-高斯滤波算法以及处理未知噪声的 Q-自适应滤波算法。考虑到图像退化问题，介绍了基于 R-L 算法的量子图像复原算法和基于约束的最小二乘法滤波的量子图像复原算法。基于 R-L 算法的量子图像复原算法使用非线性迭代技术减少了工作量。基于约束的最小二乘法滤波的量子图像复原算法在仅考虑运动模糊的前提下具有很好的恢复效果，但未考虑其他模糊因素的影响。因此，下一步需要针对不同模糊因素的情况进行优化改善。

参考文献

[1]　LIU K, ZHANG Y, LU K, et al. Restoration for noise removal in quantum images[J]. Inter-

national Journal of Theoretical Physics, 2017, 56(9): 2867-2886.

[2] MA Y L, MA H Y, CHU P C. Demonstration of quantum image edge extration enhancement through improved Sobel operator[J]. IEEE Access, 2020, 8: 210277-210285.

[3] XU P G, HE Z X, QIU T H, et al. Quantum image processing algorithm using edge extraction based on Kirsch operator[J]. Optics Express, 2020, 28(9): 12508-12517.

[4] JIANG N, WANG L. Quantum image scaling using nearest neighbor interpolation[J].Quantum Information Processing, 2015, 14(5): 1559-1571.

[5] YANG Y G, ZHAO Q Q, SUN S J. Novel quantum gray-scale image matching[J]. Optik, 2015, 126(22): 3340-3343.

[6] YUAN S Z, MAO X, LI T, et al. Quantum morphology operations based on quantum representation model[J].Quantum Information Processing, 2015, 14(5): 1625-1645.

[7] WANG J, JIANG N, WANG L. Quantum image translation[J].Quantum Information Processing, 2015, 14(5): 1589-1604.

[8] ZHANG Y, LU K, XU K, et al. Local feature point extraction for quantum images[J]. Quantum Information Processing, 2015, 14(5): 1573-1588.

[9] GROVER L K. Quantum mechanics helps in searching for a needle in a haystack[J]. Physical Review Letters, 1997, 79(2): 325-328.

[10] 毕思文, 陈浩, 帅通, 等. 一种基于双树复小波变换的图像去噪算法[J]. 无线电工程, 2019, 49(1): 27-31.

[11] CHAKRABORTY S, SHAIKH S H, CHAKRABARTI A, et al. An image denoising technique using quantum wavelet transform[J].International Journal of Theoretical Physics, 2020, 59(11): 3348-3371.

[12] LUCY L B. An iterative technique for the rectification of observed distributions[J]. The Astronomical Journal, 1974, 79: 745.

[13] WHITE R L. Image restoration using the damped Richardson-Lucy method[C]//Proceedings of International Society for Optics and Photonics. Bellingham: SPIE Press, 1994: 1342-1348.

[14] LIU D J, WANG H J, WANG S, et al. Quaternion-based improved artificial bee colony algorithm for color remote sensing image edge detection[J]. Mathematical Problems in Engineering, 2015(3): 138930.1-138930.10.

[15] YIGITBASI E D, BAYKAN N A. Edge detection using artificial bee colony algorithm (ABC)[J]. International Journal of Information and Electronics Engineering, 2013, 3(6): 634.

[16] LIU J, JING X X, WANG X G. Phase-matching condition for enhancement of phase sensitivity in quantum metrology[J]. Physical Review A, 2013, 88(4): 042316.

[17] CARAIMAN S, MANTA V I. Quantum image filtering in the frequency domain[J]. Advances in Electrical and Computer Engineering, 2013, 13(3): 77-84.

第 5 章
量子图像加密

随着科学技术的进步与网络的发展，人们对信息安全的关注度显著提高。作为信息传输的主要载体之一，图像的加密技术得到了广泛的研究。而量子计算机的出现，使传统加密算法不再安全，更多研究者提出了针对量子图像的加密方法。

5.1 图像置乱算法

图像置乱是图像加密的重要步骤之一，常见的图像置乱算法包括量子仿射变换、量子希尔伯特（Hilbert）变换、量子随机行走和骑士巡游变换等。这些置乱算法在空间域实现了量子图像的置乱，本节将详细介绍这几种常见的图像置乱算法。

5.1.1 量子仿射变换

量子仿射变换中应用较广泛的是阿诺德变换和斐波那契变换[1]。利用阿诺德变换和斐波那契变换能够将一幅图像置乱，从而使一幅有意义的图像变成一幅毫无意义的图像。阿诺德变换是一种在其他图像处理之前对图像进行预处理的方法，例如，先对图像进行置乱再嵌入水印；还可以用于一般的图像编码。斐波那契变换通过斐波那契数组将规律的像素数列转换成具有斐波那契数组特性的排列方式。一般情况下，进行一次阿诺德变换不能达到预期的结果，需要进行多次连续变换。阿诺德变换所需的时间与图像大小有关。阿诺德变换既能进行图像置乱，又能处理其他数据的置乱与加密。

（1）狭义的阿诺德变换

狭义的阿诺德变换是最简单的量子仿射变换，用矩阵形式表示为

$$\begin{pmatrix} x' \\ y' \end{pmatrix} = \begin{bmatrix} 1 & 1 \\ 1 & 2 \end{bmatrix} \begin{pmatrix} x \\ y \end{pmatrix} \bmod N \tag{5.1}$$

转化为多项式形式为

$$\begin{cases} x' = (x+y)\bmod N \\ y' = (x+2y)\bmod N \end{cases} \tag{5.2}$$

其中，mod 表示取模操作，N 是一个正方形图像的边长，(x',y') 是像素 (x,y) 变换后的像素。置乱的本质是新坐标和旧坐标之间的映射，并且这个映射是一一对应的。阿诺德变换示意如图 5-1 所示。

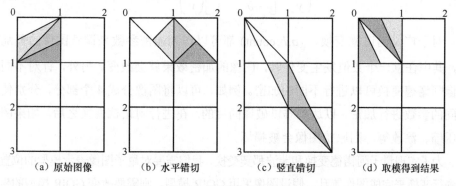

（a）原始图像   （b）水平错切   （c）竖直错切   （d）取模得到结果

图 5-1 阿诺德变换示意

当一幅图像的长与宽相等的时候，阿诺德变换就可以进行逆变换。虽然阿诺德变换具有周期性，可以通过多次变换恢复原始图像，但是周期越长，恢复原始图像的时间也越长。变换后的图像经过逆变换可以比较容易地恢复为原始图像。逆变换公式为

$$\begin{pmatrix} x \\ y \end{pmatrix} = \begin{bmatrix} 2 & -1 \\ -1 & 1 \end{bmatrix} \begin{pmatrix} x' \\ y' \end{pmatrix} \bmod N \tag{5.3}$$

转化为多项式形式为

$$\begin{cases} x = (2x'-y')\bmod N \\ y = (-x'+y')\bmod N \end{cases} \tag{5.4}$$

（2）广义阿诺德变换

如前文所述，当错切单元取模回填后，原始图像和变换后图像构成映射，则变换有效，用矩阵形式表示为

$$\begin{pmatrix} x' \\ y' \end{pmatrix} = \begin{bmatrix} 1 & a \\ b & ab+1 \end{bmatrix} \begin{pmatrix} x \\ y \end{pmatrix} \mathrm{mod} N \tag{5.5}$$

转化为多项式形式为

$$\begin{cases} x' = (x+ay)\mathrm{mod}(N) \\ y' = (bx+(ab+1)y)\mathrm{mod} N \end{cases} \tag{5.6}$$

其逆变换为

$$\begin{pmatrix} x \\ y \end{pmatrix} = \begin{bmatrix} ab+1 & -a \\ -b & 1 \end{bmatrix} \begin{pmatrix} x' \\ y' \end{pmatrix} \mathrm{mod} N \tag{5.7}$$

对于广义阿诺德变换，(a,b,count) 都可以作为加密参数来调整图像的置乱方式，其中任意一个数值发生变化时，图像的加密效果就会改变。另外，针对不同的图像阿诺德变换可以进行不同的加密。例如，可以将图像分成 4 个部分，分别使用不同的参数进行加密，以达到难以破译的目的。在进行阿诺德变换之后，如果图像被压缩、涂改等，则原始图像会被损坏。

为了实现量子阿诺德变换和斐波那契变换，我们需要对量子图像表示模型的位置信息进行变换来完成图像置乱。假设图像采用 GQIR 模型，则需要改变 GQIR 模型的坐标信息 $|YX\rangle$。设 A 表示阿诺德变换操作，F 表示斐波那契变换操作，I 表示原始量子图像，阿诺德变换和斐波那契变换置乱后的量子图像分别用 I_A 和 I_F 表示，图像大小为 $2^n \times 2^n$，则

$$|I_A\rangle = A|I\rangle = \frac{1}{\sqrt{2}^{2n}} \left(\sum_{Y=0}^{2^n-1} \sum_{X=0}^{2^n-1} \bigotimes_{i=0}^{q-1} |C_{YX}^i\rangle A|YX\rangle \right) \tag{5.8}$$

$$|I_F\rangle = F|I\rangle = \frac{1}{\sqrt{2}^{2n}} \left(\sum_{Y=0}^{2^n-1} \sum_{X=0}^{2^n-1} \bigotimes_{i=0}^{q-1} |C_{YX}^i\rangle F|YX\rangle \right) \tag{5.9}$$

其中，有

$$A|YX\rangle = A|Y\rangle A|X\rangle, \quad F|YX\rangle = F|Y\rangle F|X\rangle \tag{5.10}$$

由式（5.8）和式（5.9）有

$$\left|x_{\mathrm{A}}\right\rangle = A\left|X\right\rangle = \left|(x+y)\bmod 2^{n}\right\rangle \tag{5.11}$$

$$\left|y_{\mathrm{A}}\right\rangle = A\left|Y\right\rangle = \left|(x+2y)\bmod 2^{n}\right\rangle \tag{5.12}$$

$$\left|x_{\mathrm{F}}\right\rangle = F\left|X\right\rangle = \left|(x+y)\bmod 2^{n}\right\rangle \tag{5.13}$$

$$\left|y_{\mathrm{F}}\right\rangle = F\left|Y\right\rangle = \left|x\right\rangle \tag{5.14}$$

式（5.8）和式（5.9）分别给出了阿诺德变换和斐波那契变换进行图像置乱的量子表示，式（5.11）～式（5.14）分别给出了 $\left|x_{\mathrm{A}}\right\rangle,\left|y_{\mathrm{A}}\right\rangle,\left|x_{\mathrm{F}}\right\rangle$ 和 $\left|y_{\mathrm{F}}\right\rangle$ 操作的定义，我们可以通过这些定义来构建量子线路。

改变位置信息需要使用量子加法器和量子模 N 加法器[2]，分别如图 5-2 和图 5-3 所示，其中，SUM 和 CARRY 分别表示加法门和进位门，ADDER 表示加法器。

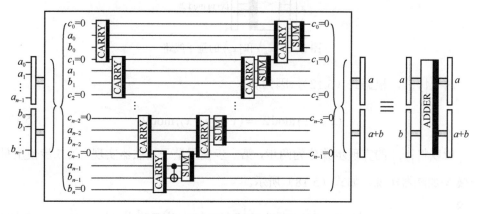

图 5-2　量子加法器

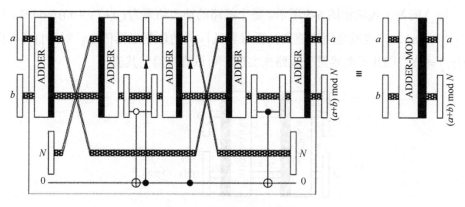

图 5-3　量子模 N 加法器

量子模 N 加法器可以对两个数的和进行模运算，表示为

$$|a,b\rangle \rightarrow |a,(a+b)\bmod N\rangle \tag{5.15}$$

由式（5.11）和式（5.13）可知，$|x_\mathrm{A}\rangle$ 和 $|x_\mathrm{F}\rangle$ 的实现是相同的。由图 5-3 所示的量子模 N 加法器可知，我们只需要分别用 y、x、2^n 代替量子模 N 加法器中的 a、b、N 即可实现 $|x_\mathrm{A}\rangle$ 和 $|x_\mathrm{F}\rangle$，如式（5.16）所示，其量子线路如图 5-4 所示。

$$|y,x\rangle \rightarrow |y,(x+y)\bmod 2^n\rangle \tag{5.16}$$

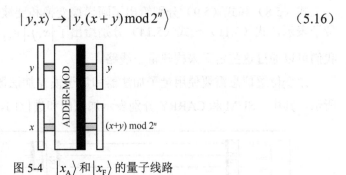

图 5-4　$|x_\mathrm{A}\rangle$ 和 $|x_\mathrm{F}\rangle$ 的量子线路

对于 $|y_\mathrm{A}\rangle$，根据式（5.12），因为有

$$(x+2y)\bmod 2^n = (y+(y+x))\bmod 2^n \tag{5.17}$$

所以将 $|y_\mathrm{A}\rangle$ 的实现步骤分为两步，第一步使用量子加法器实现，第二步使用量子模 N 加法器实现，如式（5.18）所示。

$$|y,x\rangle \rightarrow |y,y+x\rangle \rightarrow |y,(y+(y+x))\bmod 2^n\rangle \tag{5.18}$$

$|y_\mathrm{A}\rangle$ 的量子线路如图 5-5 所示。整个线路的输出结果为 $(y+(y+x))\bmod 2^n$，即 $(x+2y)\bmod 2^n$，也就是阿诺德变换图像置乱 $|y_\mathrm{A}\rangle$ 的位置坐标信息。对于 $|y_\mathrm{F}\rangle$，因为 $|y_\mathrm{F}\rangle = |x\rangle$，因此不需要量子线路来实现，可以直接得到其值。

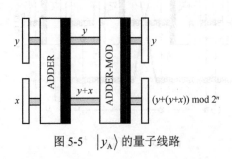

图 5-5　$|y_\mathrm{A}\rangle$ 的量子线路

阿诺德变换和斐波那契变换进行图像置乱的本质是通过不同映射关系来改变图像的位置信息。下面我们将举例说明其图像置乱过程的区别，如图 5-6 所示。

（a）原始图像　　　（b）阿诺德变换置乱图像　　（c）斐波那契变换置乱图像

图 5-6　阿诺德变换和斐波那契变换进行图像置乱的示例

原始图像为一个简单的大小为 4×4 的图像，该图像共有 16 个像素，分别用 A～P 表示。从图 5-6 可以看出，两种图像置乱算法对图像位置信息的改变差别很大，在实际应用中，我们可以根据需要来选择图像置乱算法。

5.1.2　量子 Hilbert 变换

Hilbert 曲线[3]是一种连续的参数曲线，类似于 Z 曲线[4]、格雷码[5]等。Hilbert 曲线有许多特性，能够在二维或多维的各个离散单元直线上直线穿越，而且只通过一次，并对每个离散单元进行线性分类和编码，将编码作为该单元的唯一标识。空间填充曲线可以将高维空间中乱序的数据映射到一维空间，统一整理数据，达到从无序变有序的目的。量子 Hilbert 变换利用 Hilbert 曲线实现对图像的置乱变换，图 5-7 展示了 Hilbert 曲线。

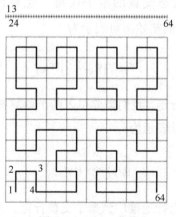

图 5-7　Hilbert 曲线

Hilbert 曲线的用途广泛，利用基于网格的空间索引可以进行图像数据加密[3]，根据曲线对应的函数来按顺序改变像素的位置即可达到加密的效果。

5.1.3 量子随机行走

量子随机行走[6]又称量子游走或者量子漫步。这里首先介绍经典随机行走。一个经典随机行走的例子就是在整数线上进行随机行走。将步行者设置在原点，并根据抛硬币的状态确定步行者的行走方向。如果硬币正面朝上，向左走一步；否则，向右走一步。这个过程的重复创建了一个随机行走过程，并且每次行走都独立于前一次的行走。这个过程被称为特殊的马尔可夫过程。对于一般情况，状态的变化只取决于系统的当前状态。

量子随机行走是对经典随机行走的量子模拟，它在量子力学理论下对经典马尔可夫过程进行量子化。具体来说，我们用波函数 $|\psi_p\rangle$ 来描述粒子的位置，如式（5.19）所示。

$$|\psi_p\rangle = \sum_x c_x |x\rangle \tag{5.19}$$

其中，$|x\rangle$ 为一个量子在 x 处的位置，c_x 为满足归一化条件的对应复数振幅。我们找到一个量子 x 的概率为

$$p(x) = |c_x|^2 \tag{5.20}$$

$|\psi_q\rangle$ 表示马尔可夫状态变量的量子比特，也称硬币态，$|\psi_q\rangle = \cos\alpha |0\rangle + \sin\alpha |1\rangle$。因此，整个系统的初始态可表示为

$$|\psi_0\rangle = |\psi_{q0}\rangle \otimes |\psi_{p0}\rangle \tag{5.21}$$

为了考虑量子的随机行走，我们需要引入两个酉算符，即硬币算符 $\hat{C}$ 和移位算符 $\hat{S}$。量子行走的过程可以表示为

$$|\psi_n\rangle \xrightarrow{\hat{C}} \xrightarrow{\hat{S}} |\psi_{n+1}\rangle \tag{5.22}$$

然后，将量子在直线上行走推广到量子交替行走。酉算符 $\hat{U}$ 表示为

$$\hat{U} = \hat{S}_x(\hat{C} \otimes \hat{I})\hat{S}_y(\hat{C} \otimes \hat{I}) \tag{5.23}$$

移位算符 $\hat{S}$ 表示为

$$\hat{S} = \sum_{i,j}^{N}(|i,(j+1)\bmod N,0\rangle\langle i,j,0| + |i,(j-1)\bmod N,1\rangle\langle i,j,1|) \tag{5.24}$$

硬币算符 $\hat{C}$ 表示为

$$\hat{C} = \begin{pmatrix} \cos\beta & \sin\beta \\ \sin\beta & -\cos\beta \end{pmatrix} \tag{5.25}$$

T 步后，量子交替行走系统的状态可表示为

$$|\psi\rangle_T = (\hat{U})^{\mathrm{T}}|\psi\rangle_0 \tag{5.26}$$

初始态经过 T 步到达位置 (i,j) 的概率为

$$P(i,j,T) = \left|\langle i,j,0|(\hat{U})^{\mathrm{T}}|\psi\rangle_0\right|^2 + \left|\langle i,j,1|(\hat{U})^{\mathrm{T}}|\psi\rangle_0\right|^2 \tag{5.27}$$

位置概率算符 $P(i,j,T)$ 具有随机性，因此其可以作为随机序列用于实现图像置乱。

5.1.4 骑士巡游变换

骑士巡游变换[7]是一种图像置乱算法，其原理是模拟骑士在棋盘中的巡游。因为骑士在棋盘上的循环游走的运行方式是固定的，所以可以找到循环规律来实现图像置乱。如果在 $n \times n$ 的棋盘中，骑士位于 (x,y)，那么根据循环规律，下一次到达的坐标可能是 $(x+1,y+2)$。我们可以将整个图像视为棋盘，将每个像素视为骑士，骑士按照循环规律发生移动，来实现图像置乱。

骑士巡游路线可以用矩阵形式表示为 $T_1 = [t_1(i,j)]_{n\times m}$，其中 $t_1(i,j)$ 表示骑士的坐标。以大小为 8×8 的图像为例，骑士巡游路线如式（5.28）所示，原始图像和置乱图像如图 5-8 所示。

$$T_1 = \begin{bmatrix} 56 & 41 & 58 & 35 & 50 & 39 & 60 & 33 \\ 47 & 44 & 55 & 40 & 59 & 34 & 51 & 38 \\ 42 & 57 & 46 & 49 & 36 & 53 & 32 & 61 \\ 45 & 48 & 43 & 54 & 31 & 62 & 37 & 52 \\ 20 & 5 & 30 & 63 & 22 & 11 & 16 & 13 \\ 29 & 64 & 21 & 4 & 17 & 17 & 25 & 10 \\ 6 & 19 & 2 & 27 & 8 & 23 & 12 & 15 \\ 1 & 28 & 7 & 18 & 3 & 26 & 9 & 24 \end{bmatrix} \tag{5.28}$$

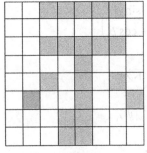 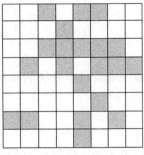

（a）原始图像　　　　　　　（b）置乱图像

图 5-8　骑士巡游变换置乱示例

5.2　图像加密算法

5.2.1　离散余弦变换

离散余弦变换（Discrete Cosine Transform，DCT）[8]是变换核为余弦函数的一种变换方法。在图像相关性较高的情况下，离散余弦变换可以有效降低相关性。离散余弦变换把实函数对称地扩展为实偶函数，在此基础上，对连续函数和离散函数进行余弦变换。在二维 DCT 中，正变换核定义如下

$$g(x,y,u,v) = \frac{2}{\sqrt{MN}} C(u)C(v) \cos\frac{(2x+1)u\pi}{2M} \cos\frac{(2y+1)v\pi}{2N} \tag{5.29}$$

其中，$x,u = 0,1,2,\cdots,M-1$，$y,v = 0,1,2,\cdots,N-1$。

$$C(u) = \begin{cases} \dfrac{1}{\sqrt{2}}, & u = 0 \\ 1, & \text{其他} \end{cases}, \quad C(v) = \begin{cases} \dfrac{1}{\sqrt{2}}, & v = 0 \\ 1, & \text{其他} \end{cases} \tag{5.30}$$

假设 $f(x,y)$ 是 $M \times N$ 的数字图像，其二维 DCT 定义为

$$F(u,v) = \frac{2}{\sqrt{MN}} \sum_{x=0}^{M-1} \sum_{y=0}^{N-1} f(x,y) C(u) C(v) \cos \frac{(2x+1)u\pi}{2M} \cos \frac{(2y+1)v\pi}{2N} \tag{5.31}$$

其中，$x,u = 0,1,2,\cdots,M-1$，$y,v = 0,1,2,\cdots,N-1$。

二维逆 DCT 定义为

$$f(x,y) = \frac{2}{\sqrt{MN}} \sum_{x=0}^{M-1} \sum_{y=0}^{N-1} F(u,v) C(u) C(v) \cos \frac{(2x+1)u\pi}{2M} \cos \frac{(2y+1)v\pi}{2N} \tag{5.32}$$

其中，$x,u = 0,1,2,\cdots,M-1$，$y,v = 0,1,2,\cdots,N-1$。

5.2.2 DNA 编码

现有研究已建立了 DNA 编码的基础框架[9-11]。根据生物模型，DNA 序列由 A（腺嘌呤）、G（鸟嘌呤）、C（胞嘧啶）、T（胸腺嘧啶）这 4 个核酸碱基组成。其中，A 与 T 互补，C 与 G 互补。在此基础上，将 DNA 序列作为编码规则，采用二进制数字对每个核酸碱基进行编码，从而获得 8 种对应的 DNA 编码方案，如表 5-1 所示。

表 5-1 8 种 DNA 编码方案

核酸碱基	方案 1	方案 2	方案 3	方案 4	方案 5	方案 6	方案 7	方案 8
A	00	00	01	01	10	10	11	11
G	01	10	00	11	00	11	01	10
C	10	01	11	00	11	00	10	01
T	11	11	10	10	01	01	00	00

可以利用表 5-1 所示编码方案对彩色图像进行编码。将彩色图像中的 RGB 三通道分别编码为一个二进制矩阵，其优势在于 8 bit 二进制矩阵可以用 4 bit DNA 序列来编码。例如，R 通道的第一个比特数值是 158，对应二进制序列为 10011110，

如果用表 5-1 中的方案 1 对其进行编码，得到的 DNA 序列为 CGTC；如果用方案 4 对其进行编码，得到的 DNA 序列为 TAGT。在解码时，根据编码方案对 DNA 序列进行解码则会得到原二进制序列。例如，对于方案 1 生成的 DNA 序列 CGTC，用方案 1 进行解码则可得到 10011110；而如果使用方案 4 进行解码，则得到的二进制序列为 00111000，与原二进制序列不同，说明使用错误的解码方案无法得到原二进制序列。

基于以上 8 种 DNA 编码方案，根据二进制加、减法可以获得对应的 8 种 DNA 序列的加、减法方案，这里以编码方案 1 对应的加、减法方案为例，具体如表 5-2 和表 5-3 所示。

表 5-2 DNA 编码方案 1 对应的加法方案

核酸碱基	A	G	C	T
A	A	G	C	T
G	G	C	T	A
C	C	T	A	G
T	T	A	G	C

表 5-3 DNA 编码方案 1 对应的减法方案

核酸碱基	A	G	C	T
A	A	G	C	T
G	T	A	G	C
C	C	T	A	G
T	G	C	T	A

从表 5-2 和表 5-3 可以看出，相同 DNA 编码对应的加、减法结果是唯一对应的，因此可以利用 DNA 序列的加、减法方案对图像进行加密。

5.2.3 混沌映射

1. Rossler 混沌模型

与低维的混沌模型相比，Rossler 混沌模型[12-13]结构更复杂，抵御攻击能力更强，并且它是一个非线性模型，可以用三维非线性常微分方程组表示，其具体形式为

$$\begin{cases} \dfrac{\mathrm{d}x}{\mathrm{d}t} = -\omega y - z \\[2mm] \dfrac{\mathrm{d}y}{\mathrm{d}t} = \omega x + \eta y \\[2mm] \dfrac{\mathrm{d}z}{\mathrm{d}t} = \tau + z(x - \gamma) \end{cases} \qquad (5.33)$$

其中，$\omega, \eta, \tau, \gamma$ 为系统参数。我们称 ω 为自然频率，它反映了没有外界干扰时的转动速度。Rossler 混沌模型如图 5-9 所示。

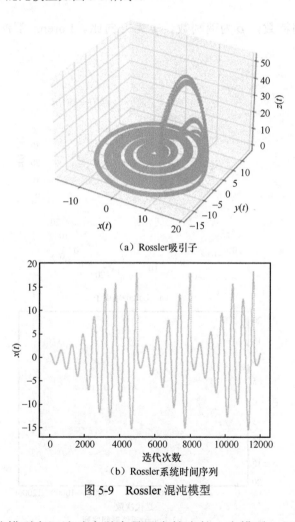

（a）Rossler 吸引子

（b）Rossler 系统时间序列

图 5-9　Rossler 混沌模型

Rossler 混沌模型在混沌动力学中是研究较多的一个模型。但用单一的混沌模型生成的随机序列来对图像进行加密易被破解，抗攻击性能差。

2．Lorenz 混沌模型

Lorenz 混沌模型[14-15]也可以用三维非线性常微分方程组表示，其具体形式为

$$\begin{cases} \dfrac{dx}{dt} = \sigma(y-x) \\ \dfrac{dy}{dt} = \rho x - y - xz \\ \dfrac{dz}{dt} = xy - \mu z \end{cases} \tag{5.34}$$

其中，σ 为普朗特数，ρ 为瑞利数，μ 为方向比。Lorenz 混沌模型如图 5-10 所示。

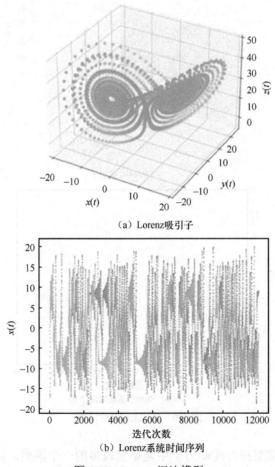

（a）Lorenz吸引子

（b）Lorenz系统时间序列

图 5-10　Lorenz 混沌模型

5.2.4　量子受控翻转

量子图像的量子受控翻转操作可以分为 2^{2n} 个子操作 K_{yx}，每个子操作对一个具体的像素进行异或操作[16-17]。量子翻转操作可以用一个与图像大小相同的矩阵 $\boldsymbol{K}$ 表示，如式（5.35）所示。

$$\boldsymbol{K} = \begin{pmatrix} K_{01} & \cdots & K_{0\,2^n-1} \\ \vdots & \ddots & \vdots \\ K_{2^n-1\,0} & \vdots & K_{2^n-1\,2^n-1} \end{pmatrix} \qquad (5.35)$$

其中，$K_{yx} = m_{yx}^0 m_{yx}^1 m_{yx}^2 m_{yx}^3, \cdots, m_{yx}^{23}$，$m_{yx}^i \in \{0,1\}$。根据 K_{yx} 生成量子门操作序列 $\boldsymbol{B}$，如式（5.36）所示。

$$\boldsymbol{B} = \begin{pmatrix} B_{01} & \cdots & B_{0\,2^n-1} \\ \vdots & \ddots & \vdots \\ B_{2^n-1\,0} & \vdots & B_{2^n-1\,2^n-1} \end{pmatrix} \qquad (5.36)$$

其中，$B_{yx} = T_{yx}^0 T_{yx}^1 \cdots T_{yx}^{23}$，$T_{yx}^i = \begin{cases} X, m_{yx}^i = 1 \\ I, m_{yx}^i = 0 \end{cases}$。

当 $m_{yx}^i = 1$ 时，对像素序列 $|C_{YX}\rangle$ 中的第 $i+1$ 个量子比特实行 X 门操作，当 $m_{yx}^i = 0$ 时，对像素序列 $|C_{YX}\rangle$ 中的第 $i+1$ 个量子比特实行 I 门操作，X 门与 I 门的矩阵形式为

$$\sigma_X = \begin{pmatrix} 0 & 1 \\ 1 & 0 \end{pmatrix}, \quad \sigma_I = \begin{pmatrix} 1 & 0 \\ 0 & 1 \end{pmatrix} \qquad (5.37)$$

将 B_{yx} 作用于坐标为 (x,y) 的像素 $g(y,x)$ 时，有

$$B_{yx} \mid g(y,x)\rangle = B_{YX} \bigotimes_{i=1}^{24} \mid C_{YX}\rangle = \bigotimes_{i=1}^{24} \mid C_{YX}^i \oplus m_{YX}^i\rangle = \mid f(y,x)\rangle$$

其中，$\mid f(y,x)\rangle$ 表示进行量子翻转操作后的新像素值。

根据式（5.37）可得，对量子图像进行量子翻转操作的量子受控翻转矩阵为

$$\boldsymbol{B}\,|\,I\rangle = \prod_{x=0}^{2^n-1}\prod_{y=0}^{2^n-1} B_{yx}\,|\,I\rangle =$$

$$\frac{1}{2^n}\sum_{x=0}^{2^n-1}\sum_{y=0}^{2^n-1}\bigotimes_{i=0}^{23}|\,C_{yx}^i \oplus m_{yx}^i\rangle\,|\,yx\rangle =$$

$$\frac{1}{2^n}\sum_{x=0}^{2^n-1}\sum_{y=0}^{2^n-1}|f(y,x)\rangle\,|\,yx\rangle \qquad (5.38)$$

5.3　量子图像加密方案设计

5.3.1　基于交替量子随机行走和离散余弦变换的图像加解密方案

　　针对灰度图像的安全性问题，本节介绍了一种基于交替量子随机行走（AQW）和离散余弦变换的图像加解密方案[18]。加密过程如下。首先，利用交替量子随机行走和异或运算对空间域图像进行预处理。然后，利用交替量子随机行走生成两个随机相位掩模，并在此基础上实现离散余弦变换。最后，采用离散余弦逆变换（IDCT）对图像进行加密。解密过程为加密过程的逆过程。在加解密过程中，交替量子随机行走的控制参数可以代替随机相位掩模作为密钥，便于密钥管理和传输。

　　上述方案的加解密过程如图 5-11 所示。

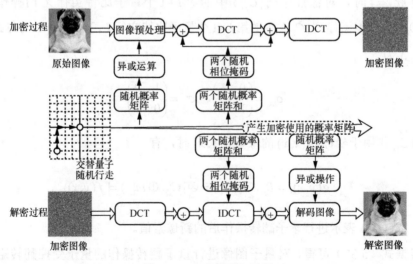

图 5-11　方案加解密过程

1. 使用交替量子随机行走来获取密钥

该方案通过交替量子随机行走生成两个随机相位掩模，并设置不同的参数控制量子随机行走。设置参数 (N_1, α_1, β_1)，$\alpha_1, \beta_1 \in \left[0, \dfrac{\pi}{2}\right]$，然后执行量子随机行走，生成一个大小为 $N_1 \times N_1$ 的随机概率分布矩阵 $\boldsymbol{P}_1$。同样，我们设置参数 (N_2, α_2, β_2)，$\alpha_2, \beta_2 \in \left[0, \dfrac{\pi}{2}\right]$，得到大小为 $N_2 \times N_2$ 的随机概率分布矩阵 $\boldsymbol{P}_2$。

假设原始图像的大小为 $m \times n$，那么由量子随机行走生成的两个随机相位掩模 CRPM_1 和 CRPM_2 的尺寸也应为 $m \times n$。因此，我们需要根据实际情况调整 $\boldsymbol{P}_1$ 和 $\boldsymbol{P}_2$，使其大小与原始图像相同。

$$\operatorname{Re}\boldsymbol{P}_1 = \operatorname{resize}\left(\boldsymbol{P}_1, \begin{bmatrix} m & n \end{bmatrix}\right)$$
$$\operatorname{Re}\boldsymbol{P}_2 = \operatorname{resize}\left(\boldsymbol{P}_2, \begin{bmatrix} m & n \end{bmatrix}\right) \tag{5.39}$$

将 $\operatorname{Re}\boldsymbol{P}_1$ 和 $\operatorname{Re}\boldsymbol{P}_2$ 转换为区间 $[0, 2\pi]$ 的值，分别构造随机相位掩模 CRPM_1 和 CRPM_2。

$$R_1 = \operatorname{Re}\boldsymbol{P}_1 \times 10^{12} \bmod 2\pi$$
$$\text{CRPM}_1 = \exp[iR_1] \tag{5.40}$$

$$R_2 = \operatorname{Re}\boldsymbol{P}_2 \times 10^{12} \bmod 2\pi$$
$$\text{CRPM}_2 = \exp[iR_2] \tag{5.41}$$

2. 算法加解密流程

图像加密过程步骤如下。

步骤 1 使用取整层数 fix( ) 将 $\operatorname{Re}\boldsymbol{P}_1$ 转换为区间 $[0,255]$ 内的整数值。

$$K = \operatorname{fix}(\operatorname{Re}\boldsymbol{P}_1 \times 10^{12}) \bmod 256 \tag{5.42}$$

步骤 2 对原始灰度图像 I 和生成的密钥 K 进行逐比特异或（bitxor）运算，得到预处理后的图像 I_1。

$$I_1 = \operatorname{bitxor}(K, I) \tag{5.43}$$

步骤 3 进行 CRPM_1 调制和二维 DCT，预处理后的图像 I_1 表示为

$$I_1 = \text{bitxor}(K, I) \tag{5.44}$$

步骤4　进行 CRPM_2 调制，在 DCT 的变换域对图像进行加密。

步骤5　通过 IDCT 得到加密后的图像 $\text{Re}I$。

$$\text{Re}I = \text{IDCT}\left\{\text{DCT}\left\{I_1(x_0, y_0)C_1(x_1, y_1)\right\}C_2(x_2, y_2)\right\} \tag{5.45}$$

图像解密就是图像加密的逆过程，其步骤如下。

步骤1　将二维 DCT 作用于加密后的图像 $\text{Re}I$，再利用 CRPM_2 的复共轭模板 CRPM_2^* 进行调制，得到的图像如式（5.46）所示。

$$\text{DCT}\left\{\text{Re}I(x_0, y_0)\right\}\text{CRPM}_2^*(x_1, y_1) \tag{5.46}$$

步骤2　对完成步骤1的图像进行 IDCT，再利用 CRPM_1 的复共轭模板 CRPM_1^* 进行调制，获得初步解密图像 I_1。

$$I_1 = \text{IDCT}\left\{\text{DCT}\left\{\text{Re}I(x_0, y_0)\text{CRPM}_2^*(x_2, y_2)\right\}\text{CRPM}_1^*(x_1, y_1)\right\} \tag{5.47}$$

步骤3　对 I_1 和所生成的密钥 K 进行逐比特异或操作，获得原始图像 I。

$$I = \text{bitxor}(K, I_1) \tag{5.48}$$

3. 仿真与分析

下面验证本节所述加密方案的有效性和安全性。首先，设置参数交替量子随机行走的参数 (N, α, β) 分别为 $\left(N_1 = 500, \alpha_1 = \dfrac{\pi}{2}, \beta_1 = \dfrac{\pi}{3}\right)$ 和 $\left(N_1 = 500, \alpha_1 = 0, \beta_1 = \dfrac{\pi}{6}\right)$。用生成的加密矩阵根据本节方案对3幅大小为 300×300 的灰度图像进行加密仿真，仿真结果如图 5-12 所示。然后，进行了图像像素直方图分析、相关性分析、信息熵分析、抗噪声能力分析以及密钥安全性分析。

（1）图像像素直方图分析

图像像素直方图分析提供了图像中每个像素强度的可视化。一个好的光学图像密码系统应该对不同的加密图像显示相同的分布。3幅原始图像及其加密图像的像素直方图分别如图 5-13～图 5-15 所示。

（a）原始图像　　　　　　（b）加密图像　　　　　　（c）解密图像

图 5-12　本节方案仿真结果

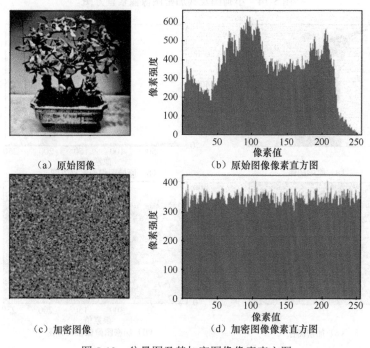

（a）原始图像　　　　　　　　　（b）原始图像像素直方图

（c）加密图像　　　　　　　　　（d）加密图像像素直方图

图 5-13　盆景图及其加密图像像素直方图

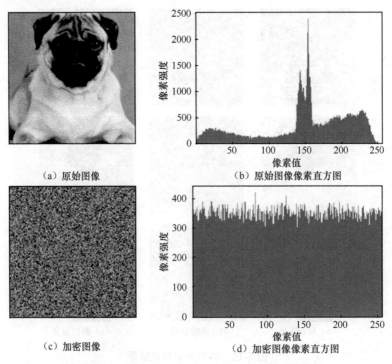

（a）原始图像　　　　　　　　（b）原始图像像素直方图

（c）加密图像　　　　　　　　（d）加密图像像素直方图

图 5-14　小狗图及其加密图像像素直方图

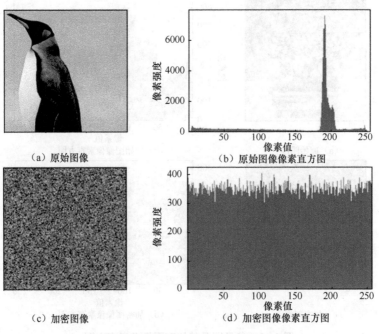

（a）原始图像　　　　　　　　（b）原始图像像素直方图

（c）加密图像　　　　　　　　（d）加密图像像素直方图

图 5-15　企鹅图及其加密图像像素直方图

（2）相关性分析

分析图像的相关性一般从相邻像素之间的相关系数入手，进而对加密密钥进行分析，其计算式如下。

$$C_{AB} = \frac{\sum_{n=1}^{N}(A_n - \overline{A})(B_n - \overline{B})}{\sqrt{\sum_{n=1}^{N}(A_n - \overline{A})^2 \sum_{n=1}^{N}(B_n - \overline{B})^2}} \tag{5.49}$$

其中，A_n 和 B_n 为相邻像素的像素值，$\overline{A}$ 和 $\overline{B}$ 分别为两个相邻像素的平均像素值，N 为相邻像素对的总数。

原始图像的相邻像素相关系数接近 1，具有很高的相关性。而加密图像的相邻像素相关系数应该接近 0。3 幅原始图像与加密图像的相邻像素的垂直、水平和对角相关性分别如图 5-16～图 5-18 所示。表 5-4 给出了 3 幅原始图像及其加密图像在不同方向上相邻像素的相关系数。

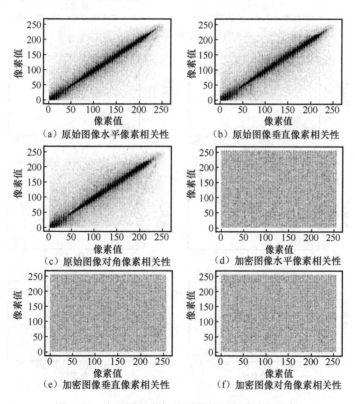

图 5-16 盆景图及其加密图像的相邻像素相关性

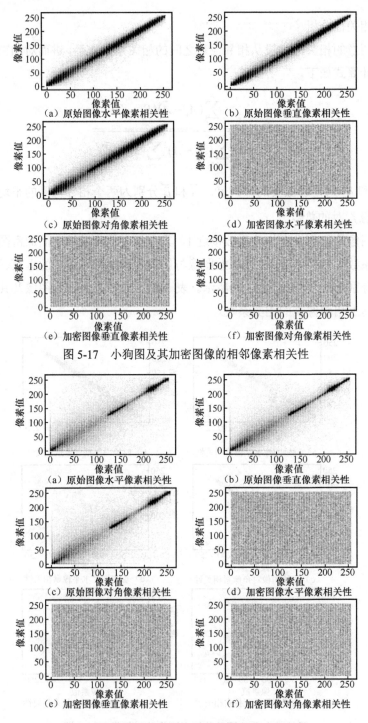

图 5-17　小狗图及其加密图像的相邻像素相关性

图 5-18　企鹅图及其加密图像的相邻像素相关性

表 5-4 原始图像及其加密图像的相邻像素相关系数

原始图像	相邻像素方向	相关系数	
		原始图像	加密图像
盆景图	水平	0.913 23	0.003 20
	垂直	0.892 86	−0.004 31
	对角	0.839 44	−0.001 39
小狗图	水平	0.988 13	−0.006 46
	垂直	0.992 08	0.004 34
	对角	0.983 07	0.003 16
企鹅图	水平	0.932 18	−0.001 49
	垂直	0.960 76	−0.001 20
	对角	0.937 41	0.002 51

（3）信息熵分析

信息熵是对信号源随机性程度的度量。信息熵的计算式如下

$$H(x) = -\sum_{i=1}^{L} P(x_i) \log_2 P(x_i) \tag{5.50}$$

原始图像及其加密图像的信息熵分析如表 5-5 所示。

表 5-5 信息熵分析

原始图像	信息熵	
	原始图像	加密图像
盆景图	7.682	7.999
小狗图	6.989	7.999
企鹅图	6.558	7.999

（4）抗噪声能力分析

由于图像在传输和存储过程中会不可避免地受到噪声的影响，因此需要对加密图像进行抗噪声能力测试。高斯噪声是常用的测试噪声，其概率密度函数表示如下

$$p(z) = \frac{1}{\sqrt{2\pi}\delta} e^{\frac{-(z-\mu)}{2\delta^2}} \tag{5.51}$$

其中，z 为灰度值，μ 为 z 的均值或期望值，δ 为 z 的标准差。椒盐噪声是由信号脉冲强度导致的噪声，在信息传输过程中普遍存在，其生成的方法比较简单。

在不同参数的椒盐噪声和高斯噪声影响下，本节方案的解密图像如图 5-19 所示。结果表明，本节方案具有良好的抗噪声能力。

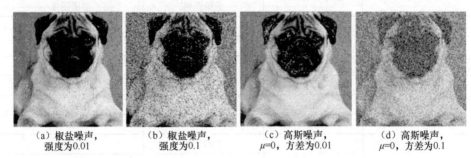

  （a）椒盐噪声， （b）椒盐噪声， （c）高斯噪声， （d）高斯噪声，
   强度为0.01   强度为0.1 $\mu=0$，方差为0.01 $\mu=0$，方差为0.1

图 5-19 不同噪声影响下，本节方案的解密图像

（5）密钥安全性分析

  一个有效的密码系统应该提供足够大的密钥空间[19-20]。从理论上分析，本节所提基于交替量子随机行走和 DCT 的图像加密方案提供了足够大的密钥空间[21]。主密钥包括生成随机相位掩模 $CPRM_1$ 的参数 (N_1,α_1,β_1)、生成随机相位掩模 $CPRM_2$ 的参数 (N_2,α_2,β_2)。假设计算精度为 10^{-16} 量级，则本节方案的密钥空间的维数为 $(10^{16})^3\times(10^{16})^3\times(10^{16})^3=10^{144}$，这对于光学图像密码系统来说是足够的[19-20]。

  密钥敏感性是指在图像加密过程中只要密钥参数有微小变化，就会导致加密图像发生改变。密钥敏感性分析被用于验证许多信息安全协议的性能。下面评估本节方案识别密钥参数微小变化的能力。一个有效的密码系统应该能够识别其密钥参数的变化。调整参数 (N,α,β)，对本节方案进行密钥敏感性分析，实验结果如图 5-20 所示。从图 5-20 可以看出，改变密钥参数则无法成功解密图像。

  （a）加密图像   （b）解密图像   （c）解密失败图像1 （d）解密失败图像2
$N=700,\alpha=\frac{\pi}{2},\beta=\frac{\pi}{3}$ $N=700,\alpha=\frac{\pi}{2},\beta=\frac{\pi}{3}$ $N=700,\alpha=0,\beta=\frac{\pi}{6}$ $N=600,\alpha=\frac{\pi}{2},\beta=\frac{\pi}{3}$

图 5-20 密钥敏感性分析实验结果

利用像素数变化率（NPCR）和统一平均变化强度（UACI）作为密钥敏感性的

评估指标。它们的定义分别如下

$$\mathrm{NPCR} = \frac{\sum\limits_{i,j} D(i,j)}{MN} \times 100\% \tag{5.52}$$

$$\mathrm{UACI} = \frac{1}{MN} \frac{\sum\limits_{i,j}\left(C_1(i,j) - C_2(i,j)\right)}{255} \times 100\% \tag{5.53}$$

其中，MN 为图像的大小，$D(i,j)$ 定义如下

$$D(i,j) = f(x) = \begin{cases} 1, C_1(i,j) \neq C_2(i,j) \\ 0, \text{ 其他} \end{cases} \tag{5.54}$$

NPCR 和 UACI 实验结果如表 5-6 所示。

表 5-6　NPCR 和 UACI 实验结果

图像	NPCR	UACI
盆景图	0.996 0	0.334 6
小狗图	0.996 0	0.334 6
企鹅图	0.996 0	0.334 6

4．方案总结

针对灰度图像的安全性问题，本节研究了基于交替量子随机行走和 DCT 的图像加密方案。由交替量子随机行走生成随机概率分布序列，并对随机概率分布序列进行运算生成加密矩阵。在空间域和余弦变换域进行 DCT，采用交替量子随机行走产生的不同加密矩阵对灰度数字图像进行加密。交替量子随机行走能够在量子环境中演化得到安全性极高的随机概率分布序列，同时在空间域和余弦变换域上的双重加密也大大降低了图像被窃听还原的风险。实验仿真分析了图像像素直方图、相关性、信息熵、抗噪声能力和密钥安全性，结果表明加密方案具有较强的安全性。这显示了量子技术在光学信息安全领域的潜在应用前景。在此基础上，在量子系统中实现基于量子随机行走的量子图像加密算法成为可能。

5.3.2　基于 DNA 编码与交替量子随机行走的图像加密方案

近年来，图像加密技术引起了人们越来越多的注意，如何确保图像携带信息的

有效性成为重要课题。本节介绍了一种基于 DNA 编码与交替量子随机行走的彩色图像加密方案[21]。本节详细描述了方案的加密流程，并通过实验对该方案的有效性进行了分析。本节方案的流程如图 5-21 所示。

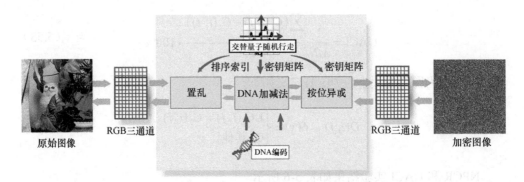

图 5-21　基于 DNA 编码与交替量子随机行走的彩色图像加密流程

1. 加密流程

步骤 1　将彩色图像 $(m,n,3)$ 分解为 3 个彩色通道的矩阵，即 $R(m,n)$、$G(m,n)$、$B(m,n)$，将三通道矩阵 R、G、B 分别变换成二进制矩阵 R_1、G_1、B_1，再对这 3 个二进制矩阵进行 DNA 编码，从而获得 3 个大小为 $(m,n\times4)$ 的矩阵。

步骤 2　采用交替量子随机行走算法，设定它的主要参数为 (N_1,T_1,α,β)，生成随机概率分布矩阵 P 作为密钥矩阵，然后将其大小调整为与加密图像的大小一致，得到 P_1 为

$$P_1 = \mathrm{resize}\big(P[m,n]\big) \tag{5.55}$$

将 P_1 中的各个元素进行变换，先按照 $k = \mathrm{fix}(\mathrm{Re}\,P_1 \times 10^{12})\bmod 256$ 将其转换为 $0\sim255$ 的十进制整数，再转换为 8 bit 二进制矩阵 P_2。

步骤 3　将密钥矩阵中各个元素降序排列，得到向量 V，用索引向量 W 检索向量 V 中 P_1 的元素形成索引；利用索引向量 W 完成对矩阵 R_1、G_1、B_1 的置乱生成 $(m,n\times4)$ 的矩阵 R_2、G_2、B_2。

步骤 4　采用矩阵 P_2 与矩阵 R_1、G_1、B_1 相同的 DNA 编码方案进行编码，得到矩阵 P_3，随后使矩阵 R_2、G_2、B_2 分别与矩阵 P_3 进行 DNA 编码方案的加法运算，从而得到矩阵 R_3、G_3、B_3，即

$$R_3 = P_3 + R_2$$
$$G_3 = P_3 + G_2$$
$$B_3 = P_3 + B_2 \qquad (5.56)$$

接着，利用 DNA 编码方案中的减法方案对矩阵 R_3、G_3、B_3 进行解码，从而得到 3 个二进制矩阵 R_4、G_4、B_4。

步骤 5 将矩阵 R_4、G_4、B_4 与 P_2 中对应元素进行逐比特异或运算，得到矩阵 R_5、G_5、B_5。经过三通道加密后，矩阵 R_5、G_5、B_5 组合即可得到加密后的彩色图像 E。

2. 仿真与分析

下面检验本节方案的正确性与安全性。利用本节方案对大小为 290×290 的 2 幅彩色图像进行加密和解密，其结果如图 5-22 所示，并对加密前后图像进行了相关性分析、密钥敏感性分析和信息熵分析。

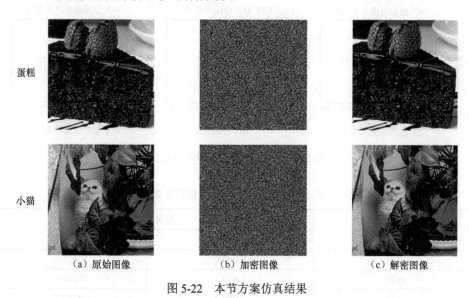

蛋糕		
小猫		
（a）原始图像	（b）加密图像	（c）解密图像

图 5-22　本节方案仿真结果

（1）相关性分析

采用相邻像素的相关系数 C_{AB} 对原始图像与加密图像进行相关性分析。原始图像中，相邻像素具有较大的相关系数，而加密图像相邻像素的相关系数应趋近于 0。

$$C_{AB} = \frac{\mathrm{cov}(A,B)}{\sqrt{D(A)}\sqrt{D(B)}} \qquad (5.57)$$

其中，A 和 B 为相邻像素的像素值，$cov(A,B)$ 为 A 和 B 的协方差，$D(A)$和$D(B)$ 是 A 和 B 的方差。本文对小猫图及其解密图像分别进行了水平、垂直、对角方向上相邻像素的相关性分析，结果如图 5-23 所示，相关系数如表 5-7 所示。图 5-23（a）～图 5-23（c）分别为原始图像在水平方向、垂直方向、对角方向上的相关性分析，图 5-23（d）～图 5-23（f）为加密后图像对应的水平方向、垂直方向、对角方向上相关性分析得到的图像。可以清晰地看出原始图像与加密图像在相关性上的差异，证明了所提算法的正确性和抵御攻击的能力。

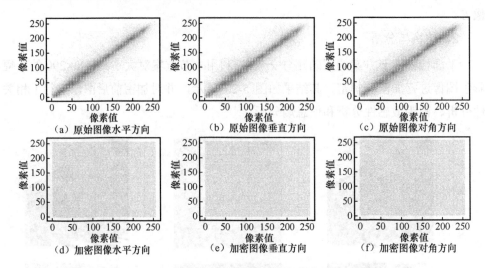

图 5-23　小猫图及其加密图像的相邻像素相关性分析

表 5-7　原始图像及其加密图像的相邻像素相关系数

相邻像素方向	相关系数	
	原始图像	加密图像
水平	0.942 9	0.002 6
垂直	0.937 7	0.000 9
对角	0.909 7	−0.001 2

（2）密钥敏感性分析

这里使用 NPCR 与 UACI 来评估密钥敏感性。参考值分别为 $NPCR_0$=99.609 4%，$UACI_0$=33.463 5%，它们的数值越接近该参考值，说明密钥敏感性越高，则加密方案的安全性就越高。以小猫图像为例进行本节方案的密钥敏感性分析，结果如表 5-8 所示。

表 5-8　密钥敏感性分析结果

通道	NPCR	UACI
R	99.632 6%	33.678 5%
G	99.612 4%	33.445 5%
B	99.614 7%	33.578 4%

（3）信息熵分析

小猫图像加密后 RGB 三通道信息熵分别为 7.997 7、7.997 8、7.997 6，密钥随机性灰度差异（GVD）分别为 0.966 7、0.955 1、0.965 1。从理论上分析，量子随机行走可以提供无限大的密钥空间，当计算精度为 10^{-16} 时，密钥空间大小可以达到 2^{128}，因此本节方案可以抵御各种类型的攻击，具有较好的抵御穷举攻击等攻击方法的能力。

5.3.3　基于量子随机行走和多维混沌映射的图像加密方案

基于量子随机行走和多维混沌映射的图像加密方案[22]的流程包括以下几个步骤：图像分割、概率矩阵的生成与转化、阿诺德变换置乱、利用欧氏距离与汉明距离求序列、密钥生成，以及盲水印的嵌入和提取。

步骤 1　图像分割

高斯金字塔是为了以多分辨率的形式解释图像而诞生的一种简单有效的方法。本节采用高斯金字塔进行图像分割，作为加密步骤前的处理工作，将处理后的图像按照一定比例切割成若干份，与整体加密相比分块加密提升了图像的安全性能。高斯金字塔主要包括两个步骤：一是对图像进行低通滤波，使其平滑；二是对得到的平滑帧图进行抽样，从而获得一系列压缩后的图像，把这些图像结合起来构造高斯金字塔。

高斯金字塔是对一幅图像进行逐步下取样而得到的。其底层是原始图像，层数越高图像的尺寸越小。高斯金字塔的第 z 层可表示为

$$A_z(x,y) = \sum_{m=-2}^{2} \sum_{n=-2}^{2} w(m,n) A_{z-1}(2x+m, 2y+n) \tag{5.58}$$

其中，A_0 为原始图像；$w(m,n) = h(m)h(n)$ 为低通滤波函数，h 为高斯密度分布函数。

步骤 2　概率矩阵的生成与转化

设定适合的参数 $(N_{step}, \lambda_1, \lambda_2)$，根据二维量子随机行走得到概率分布 P。

$$P_{x,y,N_{step}} = \sum \left| \left\langle x,y,0 \left| \hat{U}^{N_{step}} \right| \psi_0 \right\rangle \right|^2 + \sum \left| \left\langle x,y,1 \left| \hat{U}^{N_{step}} \right| \psi_0 \right\rangle \right|^2 \qquad (5.59)$$

$$\left| \psi_0 \right\rangle = \left| 00 \right\rangle \otimes (\cos a \left| 0 \right\rangle + \sin a \left| 1 \right\rangle) \qquad (5.60)$$

$$M = \left(P_{x,y,N_{step}} C \right) \bmod 2^k \qquad (5.61)$$

其中，(x,y) 为行走者出现的坐标位置，N_{step} 为步数，$\left| \psi_0 \right\rangle$ 为行走者的初始态算符，λ_1 为硬币算符初始参数，λ_2 为硬币算符抛掷参数，$\hat{U}$ 为行走算符，C 为整数，k 为每个位置产生的一个随机数的二进制位数。将余数进行排序得到 Z_1，从 Z_1 中选取长为 L 的片段作为信息 M_1，重复上述步骤 g 次，即可得到随机序列 $m = (M_1, M_2, \cdots, M_g)$。

步骤3 阿诺德变换置乱

二维阿诺德变换具有变换简单、有周期性的特点，常被用来进行置乱图像操作。首先，对彩色图像分离后的三通道灰度图的各个像素点进行 x 轴方向的错位切换；然后，进行 y 轴方向的错位切换，并按照式（5.62）进行模运算，达到图像置乱的效果。

$$\begin{bmatrix} x'_{i+1} \\ y'_{i+1} \end{bmatrix} = \begin{bmatrix} 1 & W \\ V & WV+1 \end{bmatrix} \begin{bmatrix} x'_i \\ y'_i \end{bmatrix} \bmod O \qquad (5.62)$$

其中，(x'_i, y'_i) 为原始图像像素坐标，(x'_{i+1}, y'_{i+1}) 为置乱图像像素坐标，W 和 V 为设定的参数，i 为当前变换的次数，O 为正方形图像的宽度。

步骤4 利用欧氏距离与汉明距离求序列

欧氏距离是测量多维空间中两点之间绝对距离的常见方法。我们将序列 $\alpha = (\alpha_1, \alpha_2, \cdots, \alpha_n)$ 和 $\beta = (\beta_1, \beta_2, \cdots, \beta_n)$ 看作 n 维空间点，根据 n 维空间的欧氏距离公式得到 α 与 β 的欧氏距离 d_i，并对得到的欧氏距离进行处理得到 D_i，使其值为 $0 \sim 255$，如式（5.63）所示

$$d_i = \sqrt{\sum_{k=1}^{n} (\alpha_i - \beta_i)^2}, \quad D_i = |\bmod|(d_i, 256) \qquad (5.63)$$

基于上公式得到 R、G、B 三通道的欧氏距离 D_{RG}、D_{RB}、D_{GB}，则 α 与 β 的欧氏

距离为

$$D = \left[D_{\mathrm{RG}}, D_{\mathrm{RB}}, D_{\mathrm{GB}}, D_{\mathrm{RG}}, D_{\mathrm{RB}}, D_{\mathrm{GB}}, D_{\mathrm{RG}}, D_{\mathrm{RB}}, D_{\mathrm{GB}} \right] \qquad (5.64)$$

根据序列 $\alpha = (\alpha_1, \alpha_2, \cdots, \alpha_n)$ 和 $\beta = (\beta_1, \beta_2, \cdots, \beta_n)$，得到的汉明距离为

$$H(\alpha, \beta) = \sum_{i=1}^{n} h(\alpha_i, \beta_i)$$

$$h(\alpha_i, \beta_i) = \begin{cases} 0, \alpha_i = \beta_i \\ 1, \alpha_i \neq \beta_i \end{cases} \qquad (5.65)$$

利用 Lorenz 混沌模型，设定适当参数和初始值，生成随机序列 $q = (Q_1, Q_2, \cdots, Q_g)$。

将上述概率矩阵的生成与转化中量子随机行走生成的随机序列 m 的长度 $\mathrm{Num}_{\mathrm{walk}}$ 与 Lorenz 混沌模型生成的混沌序列 q 的长度 $\mathrm{Num}_{\mathrm{lorenz}}$ 进行比较，即

$$\begin{aligned} &\text{if } \mathrm{Num}_{\mathrm{walk}} \geqslant \mathrm{Num}_{\mathrm{lorenz}}, \mathrm{Num}_{\mathrm{walk}} = \mathrm{Num}_{\mathrm{lorenz}} \\ &\text{else } \mathrm{Num}_{\mathrm{walk}} < \mathrm{Num}_{\mathrm{lorenz}}, \mathrm{Num}_{\mathrm{lorenz}} = \mathrm{Num}_{\mathrm{walk}} \end{aligned} \qquad (5.66)$$

基于汉明距离公式和上述判断公式，对步骤 2 得到的量子随机行走生成的随机序列 m 和 Lorenz 混沌模型生成的随机序列 q 计算汉明距离可得

$$H = \left[H_{(m_1, q_1)}, H_{(m_2, q_2)}, H_{(m_3, q_3)}, H_{(m_4, q_4)}, H_{(m_5, q_5)}, H_{(m_6, q_6)}, H_{(m_7, q_7)}, H_{(m_8, q_8)}, H_{(m_9, q_9)} \right] \qquad (5.67)$$

步骤 5　密钥生成

将步骤 4 得到的汉明距离 H 与欧氏距离 D 取余，即

$$\mathrm{Key} = |\mathrm{mod}|(D, H) \qquad (5.68)$$

其中，Key 是一个长度为 9 的序列，将 Key 均分成 3 份，得到 $\widetilde{\mathrm{Key}}$

$$\widetilde{\mathrm{Key}} = \left[\widetilde{\mathrm{key}_1}, \widetilde{\mathrm{key}_2}, \widetilde{\mathrm{key}_3} \right] \qquad (5.69)$$

$$k_i = \left[\mathrm{key}_{3i-2}, \mathrm{key}_{3i-1}, \mathrm{key}_{3i} \right], i = 1, 2, 3 \qquad (5.70)$$

将 $\widetilde{\mathrm{Key}}$ 作为初始值输入 Rossler 混沌模型，得到新的 Rossler 混沌模型的随机序列 $\tilde{q} = (\tilde{Q}_1, \tilde{Q}_1, \cdots, \tilde{Q}_g)$。Rosser 混沌模型生成的混沌序列是浮点数值，需要将每个通道中的像素值转换为 0~255 的整数，整数伪随机数序列转换式为

$$t_i = \text{fix}(\text{mod}(s_i \times 10^{12}, 256)) \tag{5.71}$$

其中，s_i 是来自两个混沌模型的混沌序列。在此基础上，利用阿诺德变换实现置乱；然后，对所获得的随机序列与置乱后的图像进行异或操作，实现对 s_i 的加密和解密。

步骤 6 盲水印的嵌入

DCT 是一种将图像空间表达式由空域转换到频域的方法，原始图像经过 DCT 后，生成互不相关的变换系数矩阵，从而提高了压缩比、降低了误码率，使信息更集中。二维 DCT 可表示为

$$F(u,v) = c(u)c(v)\sum_{i=0}^{N-1}\sum_{j=0}^{N-1} f(i,j)\cos\left[\frac{(2i+1)\pi}{2N}u\right]\left[\frac{(2j+1)\pi}{2N}v\right] \tag{5.72}$$

$$c(u) = \begin{cases} \sqrt{\dfrac{1}{N}}, & u=0 \\ \sqrt{\dfrac{2}{N}}, & u\neq 0 \end{cases}, \quad c(v) = \begin{cases} \sqrt{\dfrac{1}{N}}, & v=0 \\ \sqrt{\dfrac{2}{N}}, & v\neq 0 \end{cases} \tag{5.73}$$

在传输过程中，盲水印算法在保护图像版权和防伪、防篡改方面具有重要的作用。选取混沌加密后的彩色图像作为载体图像，将 64×64 的二维图像作为水印信息，通过 DCT 和奇异值分解（Singular Value Decomposition，SVD）进行盲水印嵌入和提取。

首先，读取混沌加密后的图像将其作为载体图像 G，将 RGB 信息转换为 YUV 信息，并实现三通道分离，将该图像分成 8×8 个不重叠的分块，当该图像的总体长度和宽度不是偶数时，扩展其边沿，增加的边沿像素的数值为 0。对每个分块进行 DCT，得到分块的 DCT 系数矩阵为 $B_{ij}(0,1,2,3,N)$，矩阵左边是直流分量的低频数据的大数值，右边是交流分量的高频数据的小数值，按照 ZigZag 排序，提取转换后各矩阵的低频系数 $B_{ij}(0,0)$。将每个分块的 $B_{ij}(0,0)$ 构成的矩阵 **Array** 进行奇异值分解，得到 **Array** $= USV^{\mathrm{T}}$。其中，U 为左正交矩阵，V 为右正交矩阵，S 为对角矩阵。

盲提取即不需要提取图像的参数就可提取水印。本文采用求模量化方式将二值水印图像 WI 嵌入低频系数的奇异值矩阵中。嵌入公式如下

$$z = S(1,1)\,\text{mod}\,q \tag{5.74}$$

$$S(1,1) = \begin{cases} S(1,1) - z + \dfrac{q}{4}, w = 0 \\[2mm] S(1,1) - z + \dfrac{3q}{4}, w = 1 \end{cases} \tag{5.75}$$

其中，q 代表数字水印嵌入强度。此时得到新的对角矩阵 $\boldsymbol{S}_1$，然后利用 SVD 逆变换得到 $\mathbf{Array}' = \boldsymbol{US}_1\boldsymbol{V}^{\mathrm{T}}$，用 $\mathbf{Array}'$ 中相应的元素替换 B_{ij} 的低频系数，进行 DCT 就会生成嵌入水印图像 WI 的合成图像 G'。该算法能很好地达到信息非可见的目的。

步骤 7　盲水印提取

接收方收到发送方的图像后首先进行水印提取，以验证图像在传输过程中是否受到攻击，将图像 G 分为 8×8 个不重叠的分块进行 DCT，取出每个分块中的低频系数矩阵 $\mathbf{Array}$，对其进行 SVD 变换得到对角矩阵 $\boldsymbol{S}^* = \boldsymbol{U}^*\boldsymbol{S}^*\boldsymbol{V}^{*\mathrm{T}}$，根据嵌入公式可知，此时嵌入后的图像矩阵为 $\boldsymbol{D} = \boldsymbol{U}_1\boldsymbol{S}^*\boldsymbol{V}_1^{\mathrm{T}}$，比较 $S^*(1,1)$ 与嵌入系数 q，若 $S^*(1,1) > \dfrac{q}{2}$ 则提取水印 $W^* = 1$，否则 $W^* = 0$，得到可能发生变化的水印图像，最后分离出原始水印和载体图像。

5.3.4　基于量子受控翻转的图像加密方案

在网络和通信技术快速发展的今天，图像是最常用的信息传播载体之一，其信息安全性问题成为一个日益重要的研究课题，提出更加安全高效的加密算法变得尤其重要。计算机中存储的数字图像可以视作一个二维像素矩阵，具有数据量大、相邻像素间关联度高等特点，因此采用传统的流数据加密算法如 DES、IDEA、AES 等对数字图像进行处理时，加密后的图像容易被攻击和破解。

为解决目前图像在传输过程中易受攻击与泄密的问题，本节采用了一种基于量子受控翻转的图像加密方案，通过 AQW 与受控门操作相结合来实现量子图像加密。首先，为一幅经典的彩色图像构建量子线路，并以 NCQR 模型存入量子计算机中，得到 $|I\rangle$；然后，按照通信双方事先约定好的密钥进行 T 步的 AQW 生成概率矩阵，以此生成量子异或操作矩阵并作用于 $|I\rangle$，得到加密量子图像 $|M\rangle$。解密过程是加密过程的逆过程，由于解密方拥有相同的 AQW 参数，将生成一个相同的量子异或操作矩阵。基于 AQW 的安全性与量子图像的

量子力学特性，本节方案可以提高图像在传输过程中的安全性。本节方案的流程如图 5-24 所示。

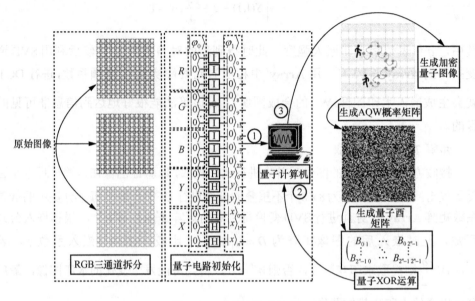

图 5-24　本节方案的流程

1. NCQI 模型

NCQI 模型[23]是在通用量子图像表示 NEQR 模型基础上的改进。对彩色图像的 RGB 三通道分别用 NEQR 模型表示，NCQI 模型可以处理 24 bit 的彩色图像。一个大小为 $2^n \times 2^n$ 的彩色图像所需的量子比特为 $2n + 24$ 个，整个图像可以表示为

$$|I\rangle = \frac{1}{2^n} \sum_{x=0}^{2^n-1} \sum_{y=0}^{2^n-1} |C_{yx}\rangle \otimes |yx\rangle =$$

$$\frac{1}{2^n} \sum_{x=0}^{2^n-1} \sum_{y=0}^{2^n-1} |R_{yx}\rangle |G_{yx}\rangle |B_{yx}\rangle \otimes |yx\rangle \qquad (5.76)$$

其中，$|C_{yx}\rangle$ 存储了 $|yx\rangle$ 处像素的颜色信息，并由 RGB 三通道进行灰度值存储。

2. 彩色量子图像的制备

在对彩色量子图像进行处理前，需要将其存储于量子计算机，一幅大小为 $2^n \times 2^n$ 的图像需要 $2n + 24$ 个量子比特，并初始化为 $|0\rangle$ 态，即 $|\varphi_0\rangle = |0\rangle^{\otimes 24 + 2n} |0\rangle$。

使用 Hadamard 门（H）和恒等门（I）分别作用于初始态的位置比特与像素比

特，从而得到一个大小相同的空白量子图像 $|\varphi_1\rangle$，即

$$|\varphi_1\rangle = (I|0\rangle)^{\otimes 24} \otimes (H|0\rangle)^{\otimes 2n} \tag{5.77}$$

接着，设置 $|\varphi_1\rangle$ 的颜色信息。因为一共有 2^{2n} 个颜色需要设置，所以整个步骤可以划分成 2^{2n} 个子操作。对于像素 (Y,X) 的颜色，量子操作 w_{YX} 为

$$w_{YX} = \left(I \otimes \sum_{\substack{y=0 \\ (yx)\neq(YX)}}^{2^n-1} \sum_{x=0}^{2^n-1} |yx\rangle\langle yx| \right) + \Omega_{YX} \otimes |YX\rangle\langle YX| \tag{5.78}$$

其中，$\Omega_{YX} = \overset{23}{\underset{i=0}{\otimes}} \Omega_{YX}^i$，$\Omega_{YX}^i$ 的作用是设置 (Y,X) 处第 i 个比特的颜色值，即 $\Omega_{YX}^i : |0 \oplus C_{YX}^i\rangle$。

将 w_{YX} 作用于 $|\varphi_1\rangle$，设置像素 (Y,X) 的颜色值，计算式为

$$w_{yx}|\varphi_1\rangle = w_{YX}\left(\frac{1}{2^n} \sum_{y=0}^{2^n-1} \sum_{x=0}^{2^n-1} |0\rangle^{\otimes 24} |yx\rangle \right) =$$

$$\frac{1}{2^n} w_{YX}\left(\sum_{\substack{y=0 \\ (yx)\neq(YX)}}^{2^n-1} \sum_{x=0}^{2^n-1} |0\rangle^{\otimes 24} |yx\rangle + |0\rangle^{\otimes 24} |YX\rangle \right) =$$

$$\frac{1}{2^n}\left(\sum_{\substack{y=0 \\ (yx)\neq(YX)}}^{2^n-1} \sum_{x=0}^{2^n-1} |0\rangle^{\otimes 24} |yx\rangle + \Omega_{YX} |0\rangle^{\otimes 24} |YX\rangle \right) =$$

$$\frac{1}{2^n}\left(\sum_{\substack{y=0 \\ (yx)\neq(YX)}}^{2^n-1} \sum_{x=0}^{2^n-1} |0\rangle^{\otimes 24} |yx\rangle + \overset{23}{\underset{i=0}{\otimes}} |C_{YX}\rangle |YX\rangle \right) \tag{5.79}$$

对中间态 $|\varphi_1\rangle$ 执行 2^{2n} 次 w_{YX} 操作后，原始空白量子图像像素都被设置为所需值，得到最终彩色量子图像 $|\varphi_2\rangle$，如式（5.80）所示。

$$w|\varphi_1\rangle = \frac{1}{2^n} \sum_{Y=0}^{2^n-1} \sum_{X=0}^{2^n-1} \Omega_{YX} |0\rangle^{\otimes 24} |YX\rangle = \frac{1}{2^n} \sum_{Y=0}^{2^n-1} \sum_{X=0}^{2^n-1} \overset{23}{\underset{i=0}{\otimes}} |C_{YX}^i\rangle |YX\rangle = |\varphi_2\rangle \tag{5.80}$$

量子计算机中，彩色量子图像制备量子线路如图 5-25 所示。

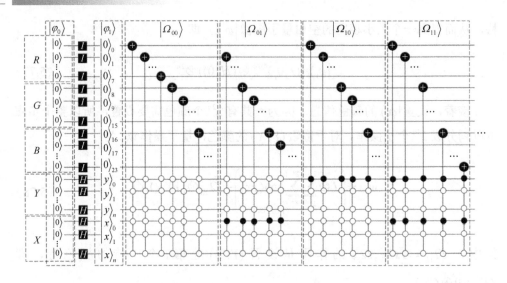

图 5-25　彩色量子图像制备量子线路

3. 量子图像加密流程

步骤 1　选择 AQW 的一组参数 $(N, T, \theta, \alpha, \beta)$，其中，$N$ 用来控制概率矩阵的大小；T 为行走次数，也就是执行 U 操作的次数；θ 控制硬币算符 C；(α, β) 是硬币初始态的参数，并作为图像加密的密钥提前分发给通信双方。

步骤 2　粒子在大小为 $N \times N$ 的空间里，沿 x、y 两个方向依次行走 T 步后，根据其在每个像素出现的概率生成 AQW 概率矩阵 $\boldsymbol{P}$，并调整矩阵大小为 $3 \times M \times N$，即

$$\boldsymbol{P}_1 = \mathrm{resize}(\boldsymbol{P}, [3 \times M \times N]) \tag{5.81}$$

步骤 3　将 $\boldsymbol{P}_1$ 中每一个元素值 P_{yx} 转换成 0～255 的整数。

$$P_{yx}^* = (P_{yx} \times 10^{12}) \bmod 256 \tag{5.82}$$

步骤 4　将 $\boldsymbol{P}_1$ 中元素转换成八位二进制数，不足八位的高位补零，生成矩阵 $\boldsymbol{K}_{YX}$，其元素 $k_{yx} = m_{yx}^0 m_{yx}^1 m_{yx}^2 m_{yx}^3 \cdots m_{yx}^{23}, m_{yx}^i \in \{0,1\}$，$k_{yx}$ 是 p_{yx} 的二进制表示。

步骤 5　根据矩阵 $\boldsymbol{K}_{YX}$ 生成量子翻转操作控制矩阵 $\boldsymbol{B}_{YX}$，其元素为 $b_{yx} = T_{yx}^0 T_{yx}^1 \cdots T_{yx}^{23}$，其中，$T_{yx}^0 \sim T_{yx}^7$ 用于控制量子线路中的 R 通道，$T_{yx}^8 \sim T_{yx}^{15}$ 用于控制量子线路中的 G 通道，$T_{yx}^{16} \sim T_{yx}^{23}$ 用于控制量子线路中的 B 通道，$T_{yx}^i = \begin{cases} X, m_{yx}^i = 1 \\ I, m_{yx}^i = 0 \end{cases}$。

步骤 6　根据量子翻转操作控制矩阵 $\boldsymbol{B}_{YX}$ 对 $|I\rangle$ 进行比特翻转操作，得到加密后

的量子图像$|M\rangle$，如式（5.83）所示。

$$\boldsymbol{B}_{YX}|I\rangle = \prod_{x=0}^{2^n-1}\prod_{y=0}^{2^n} b_{yx}|I\rangle =$$

$$\frac{1}{2^n}\sum_{x=0}^{2^n-1}\sum_{y=0}^{2^n-1}\mathop{\otimes}_{i=0}^{23}|C_{yx}^i \oplus m_{yx}^i\rangle|yx\rangle =$$

$$\frac{1}{2^n}\sum_{x=0}^{2^n-1}\sum_{y=0}^{2^n-1}|f(y,x)\rangle|yx\rangle = |M\rangle \tag{5.83}$$

4．方案总结

本节介绍了一种基于交替量子随机行走与受控门操作相结合的量子图像加密方案，利用交替量子随机行走概率矩阵生成量子异或操作矩阵，对量子图像进行异或加密，该加密矩阵生成器在理论上可以无穷大，而且由于量子随机行走的混沌特性，生成的密钥序列具有不可预知性，防止攻击者通过已知的明文部分和对应的密文对整个图像进行破译。由于量子图像在量子计算机中的存储是以纠缠态来实现的，即$|I\rangle = \dfrac{1}{2^n}\sum_{x=0}^{2^n-1}\sum_{y=0}^{2^n-1}|C_{yx}\rangle \otimes |yx\rangle$，攻击者即使窃取了传输量子，如果要获取其中信息，也需要对其进行测量，在不知道具体操作矩阵的前提下，对每一个具体的颜色信息粒子有 X 门操作和 I 门操作两种选择，全部选择正确的可能性为$\dfrac{1}{2^{2n+24}}$，故在量子信道中粒子信息完全处于混合态的情况下，攻击者无法从中获取任何有用信息，本文方案可以安全地传输量子图像。

5.4　本章小结

本章介绍了量子图像加密算法设计的两个重要部分——置乱和加密，并给出了置乱算法与加密算法结合的图像加密算法设计的图像加密方案。置乱算法中介绍了常用的量子仿射变换、量子 Hilbert 变换、量子随机行走及骑士巡游变换，这些变换方式使图像像素在空间位置上发生极大的变化，很好地隐藏了图像的信息。加密算法中详细介绍了离散余弦变换、DNA 编码、混沌映射以及量子受控翻转。此外，本章给出了几个结合置乱和加密的量子图像加解密方案，包括：基于交替量子随机行走和离散余弦变换的图像加密方案，其在空间域和频域上进行双重加密，大大降低了图像被窃听还原的风险；基于 DNA 编码与交替量子随机行走的图像加密方案，其充分利用了 DNA 编码运算方式和独特的生物学特性；基于量子随机行走和多维混沌映射的图像加密方案；基于量子受控翻转的图像加密方案，其利用了量子态纠缠等特性。这些量子图像加密方案使攻击者无法通过统计学分析等方法窃取信息，具有良好的加密效果。

参考文献

[1] LIU Z J, XU L, LIU T, et al. Color image encryption by using Arnold transform and color-blend operation in discrete cosine transform domains[J]. Optics Communications, 2011, 284(1): 123-128.

[2] VEDRAL V, BARENCO A, EKERT A. Quantum networks for elementary arithmetic operations[J]. Physical Review A, 1996, 54(1): 147.

[3] DAVIS J A, MCNAMARA D E, COTTRELL D M, et al. Image processing with the radial Hilbert transform: theory and experiments[J]. Optics Letters, 2000, 25(2): 99-101.

[4] SHAHNA K, MOHAMED A. An image encryption technique using logistic map and Z-order curve[C]//Proceedings of 2018 International Conference on Emerging Trends and Innovations In Engineering and Technological Research (ICETIETR). Piscataway: IEEE Press, 2018: 1-6.

[5] ZHOU Y C, PANETTA K, AGAIAN S, et al. (n, k, p)-Gray code for image systems[J]. IEEE Transactions on Cybernetics, 2013, 43(2): 515-529.

[6] SHENVI N, KEMPE J, WHALEY K B. Quantum random-walk search algorithm[J]. Physical Review A, 2003, 67(5): 052307.

[7] BAI S, LIAO X F, QU X H, et al. Generalized knight's tour problem and its solutions algorithm[C]//Proceedings of 2006 International Conference on Computational Intelligence and Security. Piscataway: IEEE Press, 2007: 570-573.

[8] AHMED N, NATARAJAN T, RAO K R. Discrete cosine transform[J]. IEEE Transactions on Computers, 1974, C-23(1): 90-93.

[9] WATSON J D, CRICK F H C. The structure of DNA[J]. Cold Spring Harbor Symposia on Quantitative Biology, 1953, 18: 123-131.

[10] ZIMMERMAN S B. The three-dimensional structure of DNA[J]. Annual Review of Bio-

chemistry, 1982, 51: 395-427.

[11] BASU S, KARUPPIAH M, NASIPURI M, et al. Bio-inspired cryptosystem with DNA cryptography and neural networks[J]. Journal of Systems Architecture, 2019, 94: 24-31.

[12] MANDAL M K, KAR M, SINGH S K, et al. Symmetric key image encryption using chaotic Rossler system[J]. Security and Communication Networks, 2014, 7(11): 2145-2152.

[13] HUANG W, JIANG D H, AN Y S, et al. A novel double-image encryption algorithm based on Rossler hyperchaotic system and compressive sensing[J]. IEEE Access, 2021, 9: 41704-41716.

[14] WANG Z, HUANG X, LI Y X, et al. A new image encryption algorithm based on the frac-tional-order hyperchaotic Lorenz system[J]. Chinese Physics B, 2013, 22(1): 010504.

[15] ZOU C Y, ZHANG Q, WEI X P, et al. Image encryption based on improved Lorenz sys-tem[J]. IEEE Access, 2020, 8: 75728-75740.

[16] BALANDIN A, WANG K L. Feasibility study of the quantum XOR gate based on coupled asymmetric semiconductor quantum dots[J]. Superlattices and microstructures, 1999, 25(3): 509-518.

[17] GONG L H, HE X T, CHENG S, et al. Quantum image encryption algorithm based on quantum image XOR operations[J]. International Journal of Theoretical Physics, 2016, 55(7): 3234-3250.

[18] MA Y L, LI N C, ZHANG W B, et al. Image encryption scheme based on alternate quantum walks and discrete cosine transform[J]. Optics Express, 2021, 29(18): 28338-28351.

[19] ABD-EL-ATTY B, ILIYASU A M, ALANEZI A, et al. Optical image encryption based on quantum walks[J]. Optics and Lasers in Engineering, 2021, 138: 106403.

[20] CHEN M, MA G, TANG C, et al. Generalized optical encryption framework based on Shearlets for medical image[J]. Optics and Lasers in Engineering, 2020, 128: 106026.

[21] 王一诺, 宋昭阳, 马玉林, 等. 基于 DNA 编码与交替量子随机行走的彩色图像加密算法[J]. 物理学报, 2021, 70(23): 32-41.

[22] 刘瀚扬, 华南, 王一诺, 等. 基于量子随机行走和多维混沌的三维图像加密算法[J]. 物理学报, 2022, 71(17): 170303.

[23] SANG J Z, WANG S, LI Q. A novel quantum representation of color digital images[J]. Quantum Information Processing, 2017, 16(2): 42.

第6章
量子水印

图像信息隐藏的两大手段包括图像加密和数字水印，其中，数字水印技术是将标志信息作为数字水印嵌入载体中，但不影响载体的视觉效果和正常使用的技术。本章将介绍量子水印技术的相关知识。随着量子计算和量子信息的发展，量子水印技术开始受到研究者的关注。量子水印具有隐藏信息而不干扰载体图像信息的特性，除传递一些秘密消息以外，还常用于版权保护等领域。本章将介绍几种常见的量子水印算法——量子最低有效比特（Least Significant Bit, LSB）算法、量子傅里叶变换和量子小波变换。

6.1 量子信息隐藏

6.1.1 量子 LSB 算法

介绍量子 LSB 算法前，我们需要先了解经典 LSB 算法。Tirkel 等[1]提出了经典 LSB 算法，使用待隐藏的信息代替载体最低有效比特，即替代每字节中权重最小的有效比特。以图 6-1 为例进行说明，将 LSB 算法用于颜色值 154。先将十进制数转换为二进制数，$(154)_{10} = (10011010)_2$，比特由左到右依次降低，在 10011010 中，最左端的 1 为最高有效比特（MSB），最右端的 0 为 LSB。当要隐藏的信息为 1 时，将 LSB 的 0 变成 1，颜色值就变成了 155；当要隐藏的信息为 0 时，则不需要进行任何改变。

颜色信息：154

图 6-1 LSB 算法示例

由于 LSB 算法易于实施，可以保证一定的隐藏信息量，使其无法被直接识别，因此应用广泛。量子 LSB 算法[2]将量子密码、量子通信技术与传统的信息隐藏技术相结合。设载体图像是色深度为 $2q$、大小为 $2^n \times 2^n$ 的量子图像 $|I\rangle$，消息图像（即待隐藏信息）是大小为 $2^n \times 2^n$ 的二进制图像 $|M\rangle$。则它们用 GQIR 模型表示为

$$|I\rangle = \frac{1}{2^n} \sum_{i=0}^{2^n-1} |c_i\rangle \otimes |i\rangle \tag{6.1}$$

$$|c_i\rangle = |c_i^{q-1} \cdots c_i^1 c_i^0\rangle, c_i^k \in \{0,1\} \tag{6.2}$$

$$|M\rangle = \frac{1}{2^n} \sum_{i=0}^{2^n-1} |m_i\rangle \otimes |i\rangle, m_i \in \{0,1\} \tag{6.3}$$

量子 LSB 算法的嵌入线路如图 6-2 所示。该线路使用 $2n$ 个 CNOT 门来判断 $|I\rangle$ 的坐标和 $|M\rangle$ 的坐标是否相同。当两者坐标相同时，消息图像 $|M\rangle$ 的位置信息将被改为全 $|0\rangle$ 态，此时交换载体图像 $|I\rangle$ 中的最低有效比特 $|c_i^0\rangle$ 与消息图像 $|M\rangle$ 中的颜色 $|m_i\rangle$，从而得到含隐藏信息的新图像 $|I'\rangle$。

量子 LSB 算法提取线路如图 6-3 所示，相当于从全 $|0\rangle$ 的初始态开始制备一个消息图像。首先，用 $2n$ 个 Hadamard 门将消息图像中的所有位置信息由 $|0\rangle$ 变成 $|0\rangle$ 和 $|1\rangle$ 叠加存储的形式，来获得一个空的消息图像。然后，用 $2n$ 个 CNOT 门判断 $|I\rangle$ 的坐标和 $|M\rangle$ 的坐标是否相同。如果相同，则载体图像 $|I\rangle$ 的位置信息全部被改为 $|0\rangle$ 态，此时交换载体图像 $|I\rangle$ 中的最低有效比特 $|c_i^0\rangle$ 与消息图像 $|M\rangle$ 中的 $|m_i\rangle$。

量子 LSB 信息隐藏示例如图 6-4 所示，其中，⊕ 表示受控量子门，× 表示交换门。载体图像大小为 128×128，消息图像是大小为 128×128 的二进制图像。可以看出，含隐藏信息的载体图像与原始载体图像之间的差别无法仅凭肉眼识别。

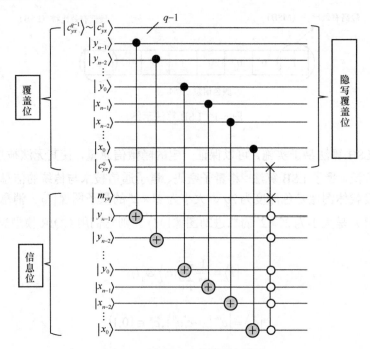

图 6-2　量子 LSB 算法嵌入线路

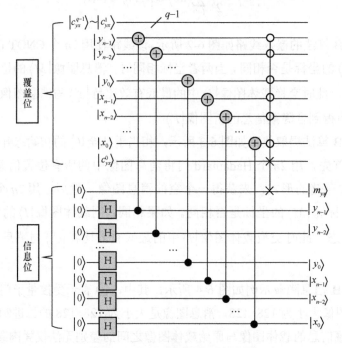

图 6-3　量子 LSB 算法提取线路

（a）载体图像　　　　　（b）消息图像　　　（c）含隐藏信息的载体图像

图 6-4　量子 LSB 信息隐藏示例

6.1.2　量子傅里叶变换

傅里叶变换[3]是经典计算的重要部分，在从信号处理到复杂性理论的各个领域中都有不可或缺的作用。量子傅里叶变换（QFT）[4]是用量子实现对波函数的振幅进行离散傅里叶变换。大部分量子算法都涉及量子傅里叶变换，其中最著名的是 Shor 因式分解算法[5-6]和量子相位估计算法[7-8]。

经典计算中，离散傅里叶变换的作用是将一个向量 $(x_0, x_1, \cdots, x_{N-1})$ 映射到另一个向量 $(y_0, y_1, \cdots, y_{N-1})$，其中，$y_k = \dfrac{1}{\sqrt{N}} \sum_{j=0}^{N-1} x_j \omega_N^{jk}$，$\omega_N^{jk} = \mathrm{e}^{2\pi \mathrm{i} \frac{jk}{N}}$。同理，量子傅里叶变换的作用是将一个量子态 $\sum_{i=0}^{N-1} x_i |i\rangle$ 映射到另一个量子态 $\sum_{i=0}^{N-1} y_i |i\rangle$，其中，$y_k = \dfrac{1}{\sqrt{N}} \sum_{j=0}^{N-1} x_j \omega_N^{jk}$，$\omega_N^{jk} = \mathrm{e}^{2\pi \mathrm{i} \frac{jk}{N}}$。这里，因为变化量是振幅，量子傅里叶变换可以写作 $\mathrm{QFT}|x\rangle = \dfrac{1}{\sqrt{N}} \sum_{y=0}^{N-1} \omega_N^{xy} |y\rangle$，其中 $\mathrm{QFT} = \dfrac{1}{\sqrt{N}} \sum_{x=0}^{N-1} \sum_{y=0}^{N-1} \omega_N^{xy} |y\rangle\langle x|$。

（1）单个量子比特的量子傅里叶变换

假设初始态为 $|\varphi\rangle = \alpha|0\rangle + \beta|1\rangle$，$x_0 = \alpha$，$x_1 = \beta$，$N = 2$。对其应用量子傅里叶变换，先通过计算得到

$$y_0 = \frac{1}{\sqrt{2}}\left(\alpha \exp\left(2\pi \mathrm{i} \frac{0 \times 0}{2}\right) + \beta \exp\left(2\pi \mathrm{i} \frac{1 \times 0}{2}\right)\right) = \frac{1}{\sqrt{2}}(\alpha + \beta)$$

$$y_1 = \frac{1}{\sqrt{2}}\left(\alpha \exp\left(2\pi \mathrm{i} \frac{0 \times 1}{2}\right) + \beta \exp\left(2\pi \mathrm{i} \frac{1 \times 1}{2}\right)\right) = \frac{1}{\sqrt{2}}(\alpha - \beta) \tag{6.4}$$

那么 $|\varphi\rangle = \dfrac{1}{\sqrt{2}}(\alpha + \beta)|0\rangle + \dfrac{1}{\sqrt{2}}(\alpha - \beta)|1\rangle = \alpha \dfrac{(|0\rangle + |1\rangle)}{\sqrt{2}} + \beta \dfrac{(|0\rangle - |1\rangle)}{\sqrt{2}}$，形式上与量子态上应用 Hadamard 门 $H = \dfrac{1}{\sqrt{2}}\begin{bmatrix} 1 & 1 \\ 1 & -1 \end{bmatrix}$ 结果相吻合。

当一个量子态为 $|x_k\rangle$ 的时候，对其应用 Hadamard 门可得 $H|x_k\rangle = \dfrac{1}{\sqrt{2}}\left(|0\rangle + \exp\left(\dfrac{2\pi i}{2}x_k\right)|1\rangle\right)$。

代入 0 态和 1 态可以进行如下验证。

当 $|x_k\rangle = |0\rangle$ 时，$H|0\rangle = \dfrac{1}{\sqrt{2}}\left(|0\rangle + \exp\left(\dfrac{2\pi i}{2} \times 0\right)|1\rangle\right) = \dfrac{1}{\sqrt{2}}(|0\rangle + |1\rangle)$

当 $|x_k\rangle = |1\rangle$ 时，$H|0\rangle = \dfrac{1}{\sqrt{2}}\left(|0\rangle + \exp\left(\dfrac{2\pi i}{2} \times 0\right)|1\rangle\right) = \dfrac{1}{\sqrt{2}}(|0\rangle - |1\rangle)$

这里，$e^{\frac{i\pi}{4}} = \sqrt{i}$，即 $(e^{\frac{i\pi}{4}})^4 = (\sqrt{i})^4 = i^2 = -1$。

（2）N 个量子比特的量子傅里叶变换

设初始态为 $|x\rangle = |x_1 \cdots x_n\rangle$，对该态应用傅里叶变换，先通过计算得到

$$
\begin{aligned}
|x\rangle &= \frac{1}{\sqrt{N}} \sum_{y=0}^{N-1} \omega_N^{xy} |y\rangle = \frac{1}{\sqrt{N}} \sum_{y=0}^{N-1} e^{2\pi i x \frac{y}{2^n}} |y\rangle = \\
&\frac{1}{\sqrt{N}} \sum_{y_1=0}^{1} \sum_{y_2=0}^{1} \cdots \sum_{y_n=0}^{1} e^{2\pi i x \left(\sum_{k=1}^{n} \frac{y_k}{2^k}\right)} |y_1 \cdots y_n\rangle = \\
&\frac{1}{\sqrt{N}} \bigotimes_{k=1}^{n} \sum_{y_k=0}^{1} e^{2\pi i \frac{y_k}{2^k}} |y_k\rangle = \\
&\frac{1}{\sqrt{N}} \bigotimes_{k=1}^{n} \left(|0\rangle + e^{\frac{2\pi i}{2^n} x} |1\rangle\right) = \\
&\frac{1}{\sqrt{N}} \left(|0\rangle + e^{\frac{2\pi i}{2} x} |1\rangle\right) \otimes \left(|0\rangle + e^{\frac{2\pi i}{2^2} x} |1\rangle\right) \otimes \cdots \otimes \\
&\left(|0\rangle + e^{\frac{2\pi i}{2^{k-1}} x} |1\rangle\right) \otimes \left(|0\rangle + e^{\frac{2\pi i}{2^k} x} |1\rangle\right)
\end{aligned}
\tag{6.5}
$$

由 $e^{2\pi i x \frac{y}{2^n}}$ 推导得到 $e^{2\pi i x \left(\sum_{k=1}^{n} \frac{y_k}{2^k}\right)}$，因为 y 是 $n\,\mathrm{bit}$ 的，可以写成二进制形式 $y = y_1 \times 2^{n-1} + y_2 \times 2^{n-2} + \cdots + y_n \times 2^0$。则

$$\frac{y}{2^n} = y_1 \times 2^{-1} + y_2 \times 2^{-2} + \cdots + y_n \times 2^{-n} = \sum_{k=1}^{n} \frac{y_k}{2^k} \tag{6.6}$$

进一步简化可得

$$\mathrm{QFT}_N\,|x\rangle =$$

$$\frac{1}{\sqrt{N}} \overset{n}{\underset{k=1}{\otimes}} \left(|0\rangle + \mathrm{e}^{2\pi\mathrm{i}\frac{2}{2^k}x} |1\rangle \right) =$$

$$\frac{1}{\sqrt{N}} \left(|0\rangle + \mathrm{e}^{\frac{2\pi\mathrm{i}}{2}x} |1\rangle \right) \otimes \left(|0\rangle + \mathrm{e}^{\frac{2\pi\mathrm{i}}{2^2}x} |1\rangle \right) \otimes \cdots \otimes \left(|0\rangle + \mathrm{e}^{\frac{2\pi\mathrm{i}}{2^{n-1}}x} |1\rangle \right) \otimes \left(|0\rangle + \mathrm{e}^{\frac{2\pi\mathrm{i}}{2^n}x} |1\rangle \right) =$$

$$\frac{\left(|0\rangle + \mathrm{e}^{2\pi\mathrm{i}0.x_n} |1\rangle \right) \otimes \left(|0\rangle + \mathrm{e}^{2\pi\mathrm{i}0.x_{n-1}x_n} |1\rangle \right) \otimes \cdots \otimes \left(|0\rangle + \mathrm{e}^{2\pi\mathrm{i}0.x_1 x_2 \cdots x_n} |1\rangle \right)}{2^{n/2}} \tag{6.7}$$

以 4 个量子比特的量子傅里叶变换为例进行说明，即 $|y_1 y_2 y_3 y_4\rangle = \mathrm{QFT}_8 |x_1 x_2 x_3 x_4\rangle$。4 个量子比特的 QFT 量子线路如图 6-5 所示。

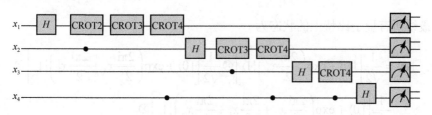

图 6-5　4 个量子比特的 QFT 量子线路

第一个量子比特上的状态为

$$|\varphi_1\rangle = |x_4\rangle \otimes |x_3\rangle \otimes |x_2\rangle \otimes \frac{1}{\sqrt{2}} \left[|0\rangle + \exp\left(\frac{2\pi\mathrm{i}}{2} x_1 \right) |1\rangle \right]$$

$$|\varphi_2\rangle = |x_4\rangle \otimes |x_3\rangle \otimes |x_2\rangle \otimes \frac{1}{\sqrt{2}} \left[|0\rangle + \exp\left(\frac{2\pi\mathrm{i}}{2^2} x_2 + \frac{2\pi\mathrm{i}}{2} x_1 \right) |1\rangle \right]$$

$$|\varphi_3\rangle = |x_4\rangle \otimes |x_3\rangle \otimes |x_2\rangle \otimes \frac{1}{\sqrt{2}} \left[|0\rangle + \exp\left(\frac{2\pi\mathrm{i}}{2^3} x_3 + \frac{2\pi\mathrm{i}}{2^2} x_2 + \frac{2\pi\mathrm{i}}{2} x_1 \right) |1\rangle \right]$$

$$|\varphi_4\rangle = |x_4\rangle \otimes |x_3\rangle \otimes |x_2\rangle \otimes \frac{1}{\sqrt{2}} \left[|0\rangle + \exp\left(\frac{2\pi\mathrm{i}}{2^4} x_4 + \frac{2\pi\mathrm{i}}{2^3} x_3 + \frac{2\pi\mathrm{i}}{2^2} x_2 + \frac{2\pi\mathrm{i}}{2} x_1 \right) |1\rangle \right]$$

第二个量子比特上的状态为

$$|\varphi_5\rangle = |x_4\rangle \otimes |x_3\rangle \otimes \frac{1}{\sqrt{2}}\left[|0\rangle + \exp\left(\frac{2\pi i}{2}x_2\right)|1\rangle\right] \otimes$$

$$\frac{1}{\sqrt{2}}\left[|0\rangle + \exp\left(\frac{2\pi i}{2^4}x_4 + \frac{2\pi i}{2^3}x_3 + \frac{2\pi i}{2^2}x_2 + \frac{2\pi i}{2}x_1\right)|1\rangle\right]$$

$$|\varphi_6\rangle = |x_4\rangle \otimes |x_3\rangle \otimes \frac{1}{\sqrt{2}}\left[|0\rangle + \exp\left(\frac{2\pi i}{2^2}x_3 + \frac{2\pi i}{2}x_2\right)|1\rangle\right] \otimes$$

$$\frac{1}{\sqrt{2}}\left[|0\rangle + \exp\left(\frac{2\pi i}{2^4}x_4 + \frac{2\pi i}{2^3}x_3 + \frac{2\pi i}{2^2}x_2 + \frac{2\pi i}{2}x_1\right)|1\rangle\right]$$

$$|\varphi_7\rangle = |x_4\rangle \otimes |x_3\rangle \otimes \frac{1}{\sqrt{2}}\left[|0\rangle + \exp\left(\frac{2\pi i}{2^3}x_4 + \frac{2\pi i}{2^2}x_3 + \frac{2\pi i}{2}x_2\right)|1\rangle\right] \otimes$$

$$\frac{1}{\sqrt{2}}\left[|0\rangle + \exp\left(\frac{2\pi i}{2^4}x_4 + \frac{2\pi i}{2^3}x_3 + \frac{2\pi i}{2^2}x_2 + \frac{2\pi i}{2}x_1\right)|1\rangle\right]$$

最终所有量子比特上的状态为

$$|\varphi\rangle = \frac{1}{\sqrt{2}}\left[|0\rangle + \exp\left(\frac{2\pi i}{2}x_4\right)|1\rangle\right] \otimes \frac{1}{\sqrt{2}}\left[|0\rangle + \exp\left(\frac{2\pi i}{2^2}x_4 + \frac{2\pi i}{2}x_3\right)|1\rangle\right] \otimes$$

$$\frac{1}{\sqrt{2}}\left[|0\rangle + \exp\left(\frac{2\pi i}{2^3}x_4 + \frac{2\pi i}{2^2}x_3 + \frac{2\pi i}{2}x_2\right)|1\rangle\right] \otimes$$

$$\frac{1}{\sqrt{2}}\left[|0\rangle + \exp\left(\frac{2\pi i}{2^4}x_4 + \frac{2\pi i}{2^3}x_3 + \frac{2\pi i}{2^2}x_2 + \frac{2\pi i}{2}x_1\right)|1\rangle\right]$$

6.1.3 量子小波变换

本节介绍量子小波变换[9]。首先，我们来解释什么是移位矩阵。移位矩阵是一种常见的正移置换矩阵。一般设移位矩阵 $\boldsymbol{\Pi}_{2^n}$ 中元素为

$$\boldsymbol{\Pi}_{ij} = \begin{cases} 1, i \in L \\ 0, 其他 \end{cases} \tag{6.8}$$

其中，$L = \{i \ 为偶数且 \ j = \frac{i}{2}$，或 $i \ 为基数且 \ j = \frac{i-1}{2} + 2^{n-1}\}$。$\boldsymbol{\Pi}_{2^n}$ 实现了量子比特的

左移，也就是把量子态最右端的量子比特移动到最左端。同时，其转置矩阵实现循环反向移动，也就是把量子态最左端的量子比特移动到最右端。那么假设有一个 n bit 量子态 M，如式（6.9）所示，对其循环移位一次和两次的计算式如式（6.10）和式（6.11）所示。

$$M = \left| a_{n-1}a_{n-2}\ldots a_1a_0 \right\rangle \tag{6.9}$$

$$M' = \Pi_{2^n} M = \left| a_0a_{n-1}a_{n-2}\cdots a_1 \right\rangle \tag{6.10}$$

$$M'' = \Pi_{2^n}^T M = \left| a_{n-2}\ldots a_1a_0a_{n-1} \right\rangle \tag{6.11}$$

$n = 2$ 时得到正移置换矩阵，这是一种比较常见的量子交换门，即

$$\Pi_4 = \begin{bmatrix} 1 & 0 & 0 & 0 \\ 0 & 0 & 1 & 0 \\ 0 & 1 & 0 & 0 \\ 0 & 0 & 0 & 1 \end{bmatrix} \tag{6.12}$$

如果含有 n 个量子比特，则有 $\Pi_{2^n} = \left(\Pi_4 \otimes I_2^{\otimes n-2}\right)\left(I_2 \otimes \Pi_4 \otimes I_2^{\otimes n-3}\right)\cdots \left(I_2^{\otimes n-3} \otimes \Pi_4 \otimes I_2\right)\left(I_2^{\otimes n-2} \otimes \Pi_4\right)$。

下面讨论基于正移置换的量子 Haar 小波变换及其逻辑设计。

当阶数变化时，Haar 矩阵中的元素值也会随之发生改变。例如，2^n 阶 Haar 矩阵用 2^{n-1} 阶 Haar 矩阵和 $2n-1$ 阶单位矩阵联合 Hadamard 矩阵进行 Kronecker 扩展。Kronecker 扩展表示为

$$C = A \otimes B = (A \otimes I_m)(I_n \otimes B) \tag{6.13}$$

其中，A 为 m 阶方阵，B 为 n 阶方阵，I_m 和 I_n 分别为 m 阶和 n 阶单位矩阵。那么分解的 Haar 矩阵为

$$\begin{aligned} H_{2^n} &= \Pi_{2^n}\left(\left(H_{2^{n-1}}, \ I_{2^{n-1}}\right) \otimes W_{2^n}\right) = \\ &\Pi_{2^n}\left(\left(H_{2^{n-1}}, \ I_{2^{n-1}}\right) \otimes I_2\right) \times \left(I_{2^{n-1}} \otimes W_{2^n}\right) = \\ &\left(I_{2^{n-1}} \otimes W_{2^n}\right)\Pi_{2^n}\left(I_{2^{n-2}} \otimes W_{2^n} \otimes I_2\right)\left(\Pi_{2^{n-1}} \otimes I_2\right) \cdot \\ &\left(I_2 \otimes W_{2^n} \otimes I_{2^{n-2^2}}\right)\left(\Pi_{2^2} \otimes I_{2^{n-2^2}}\right)\left(W_{2^n} \otimes I_{2^{n-2^2}}\right) \end{aligned} \tag{6.14}$$

$$W_{2^n} = \Pi_{2^n}\left(\Pi_{2^{n-1}} \oplus I_{2^n-2^{n-1}}\right)\left(\Pi_{2^{n-2}} \oplus I_{2^n-2^{n-2}}\right)\cdots\left(\Pi_{2^{n-i}} \oplus I_{2^n-2^{n-i}}\right)\cdots$$

$$\left(\Pi_8 \oplus I_{2^n-8}\right)\left(\Pi_4 \oplus I_{2^n-4}\right)\left(H \oplus I_{2^n-2}\right)\left(I_2 \otimes H \oplus I_{2^n-4}\right)\cdots$$

$$\left(I_{2^{n-i}} \otimes H \oplus I_{2^n-2^{n-i+1}}\right)\cdots\left(I_{2^{n-3}} \otimes H \oplus I_{2^n-2^{n-2}}\right)\cdot$$

$$\left(I_{2^{n-2}} \otimes H \oplus I_{2^n-2^{n-1}}\right)\left(I_{2^{n-1}} \otimes H\right)$$

量子 Haar 小波变换逻辑结构如图 6-6 所示。

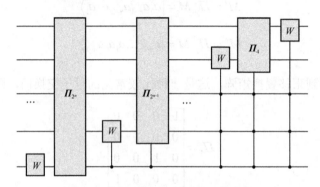

图 6-6   量子 Haar 小波变换逻辑结构

为了便于理解，这里给出一个量子 Haar 小波变换的实例。有 2 个量子比特的信号可以表示为

$$
\begin{aligned}
\left|q_{\text{in}}\right\rangle &= \left|q_1\right\rangle \otimes \left|q_2\right\rangle \otimes \left|q_3\right\rangle = \\
&a_\theta\left|00\right\rangle + a_1\left|01\right\rangle + a_2\left|10\right\rangle + a_3\left|11\right\rangle = \\
&\left[a_0, a_1, a_2, a_3\right]^{\text{T}}
\end{aligned}
\tag{6.15}
$$

其中，系数 a_i 满足归一化条件。对量子比特进行 $(I \otimes W)$ 变换可得

$$\left|q_0\right\rangle = \left(I_2 \otimes W\right)\left|q_{\text{in}}\right\rangle = \frac{1}{\sqrt{2}}\left[a_0 + a_1, a_0 - a_1, a_2 + a_3, a_2 - a_3\right]^{\text{T}} \tag{6.16}$$

然后，将信号分解成低频 L 和高频 H 两部分，可以看出 L 和 H 是独立存在的。对得到的结果进行正移置换，即

$$\left|q_1\right\rangle = \Pi_4\left|q_0\right\rangle = \frac{1}{\sqrt{2}}\left[a_0 + a_1, a_2 + a_3, a_0 - a_1, a_2 - a_3\right]^{\text{T}} \tag{6.17}$$

这样，低频部分就被转移到前面，高频部分则被转移到后面。接着，对低频部分进行 $(W \oplus I_2)$ 变换可得

$$|q_2\rangle = (W \oplus I_2)|q_1\rangle =$$

$$\frac{1}{\sqrt{2}}\left[\frac{1}{\sqrt{2}}(a_0 + a_1 + a_2 + a_3), \frac{1}{\sqrt{2}}(a_0 + a_1 - a_2 - a_3), a_0 - a_1, a_2 - a_3\right]^{\mathrm{T}} \quad (6.18)$$

这样就可以把原始输入的信号变成低频和高频两部分了。

6.2 量子水印算法

6.2.1 基于量子 LSB 分块的水印算法

量子 LSB 信息隐藏技术[10-11]比较简单,但算法的稳健性不好。常见的图像处理方法如滤波、加噪、压缩等都可以很容易地将隐藏信息去除。另外,攻击者可以通过查看载体图像的最低位平面来检测其是否含有隐藏信息,并将隐藏信息提取出来。因此,为提高 LSB 的稳健性和不可检测性,Jiang 等[2]提出了量子 LSB 分块信息隐藏方案。

1. 量子图像分块方法

GQIR 模型可以方便地将图像分块,如果部分位置信息为特定值,则一些像素将被挑选出来。对于一个大小为 2×2 的 GQIR 图像,如图 6-7 所示,图像中的每个像素中上面的 8 位数字代表该像素的二进制颜色值,下面的 2 位数字代表像素的二进制坐标。4 个像素的坐标 $|y_0 x_0\rangle$ 分别为 00、01、10、11,如果 $|y_0\rangle$ 被限制为 $|1\rangle$,则图 6-7 中底部的两个像素将被挑选出来。具体到量子线路中,用 $|y_0\rangle$ 作为控制位,当该控制位的控制值为 1 时,量子线路将对图 6-7 中底部的两个像素进行处理。

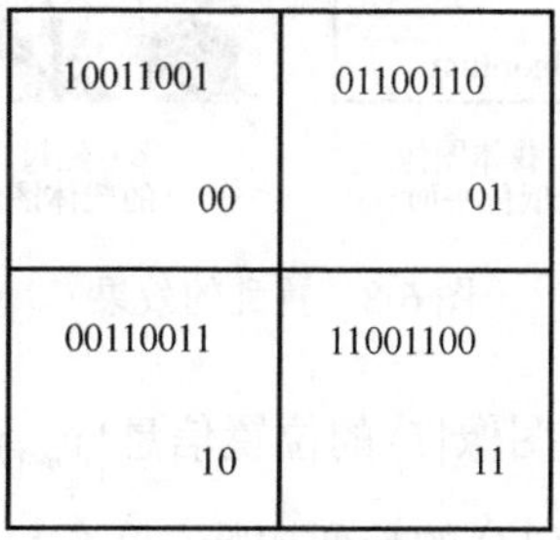

10011001	01100110
00	01
00110011	11001100
10	11

图 6-7 大小为 2×2 的 GQIR 图像

在量子 LSB 分块信息隐藏方案中，将大小为 $2^n \times 2^n$ 的图像分成 $2^{n-p_1} \times 2^{n-p_2}$ 个大小为 $2^{p_1} \times 2^{p_2}$ 的块，其中，$p_1, p_2 \in \{0,1,\cdots,n\}$，且 $p = p_1 + p_2$。相应地，将图像的位置信息 $|Y\rangle$ 和 $|X\rangle$ 均匀分割成两部分。为 $|y_{n-1}y_{n-2}\cdots y_{p_1}\rangle$ 和 $|x_{n-1}x_{n-2}\cdots x_{p_2}\rangle$ 设置确定的值，对应原始图像中一个大小为 $2^{p_1} \times 2^{p_2}$ 的图像块。换句话说，如果以图像块为单位，则 $|y_{n-1}y_{n-2}\cdots y_{p_1}x_{n-1}x_{n-2}\cdots x_{p_2}\rangle$ 就是块间坐标。因此，图像块 B_k 可以定义为

$$|k\rangle = |y_{n-1}y_{n-2}\cdots y_{p_1}\rangle, \quad |l\rangle = |x_{n-1}x_{n-2}\cdots x_{p_2}\rangle \qquad (6.19)$$

其中，$|y_{p_1-1}\cdots y_1y_0\rangle$ 和 $|x_{p_1-1}\cdots x_1x_0\rangle$ 为内部坐标，也称块内坐标。

2. 块嵌入过程

块嵌入过程是指将载体图像分割成 $2^{n-p_1} \times 2^{n-p_2}$ 个大小为 $2^{p_1} \times 2^{p_2}$ 的块，每个图像块中隐藏 1 bit 消息。消息图像是一个大小为 $2^{n-p_1} \times 2^{n-p_2}$ 的二进制图像，颜色信息用 $|m_{k,l}\rangle$ 表示，其中，$m_{k,l} \in \{0,1\}, k = y_{n-1}y_{n-2}\cdots y_{p_1}, l = x_{n-1}x_{n-2}\cdots x_{p_1}$，该消息被重复 $2^{p_1} \times 2^{p_1} = 2^p$ 次嵌入图像块的每一个像素中。

块嵌入过程的具体过程如下。

步骤 1 置乱。置乱是为了让含有隐藏信息的载体图像的最低位平面与噪声类似，以增强算法的不可检测性。图 6-8 显示了置乱的效果。如果不进行置乱操作，含隐藏信息的载体图像的最低位平面就是消息图像，攻击者可以很容易地找到这个信息。置乱使含隐藏信息的载体图像的最低位平面与噪声类似，不容易引起攻击者的注意。

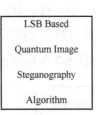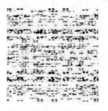

（a）含隐藏信息　　　（b）载体图像　　　（c）经过置乱　　　（d）经过置乱的载体
的载体图像　　　　的最低位平面　　　的载体图像　　　图像的最低位平面

图 6-8　置乱的效果

步骤 2 分块嵌入。如果图像 $|I\rangle$ 的位置信息 $|y_{n-1}y_{n-2}\cdots y_{p_1}x_{n-1}x_{n-2}\cdots x_{p_2}\rangle$ 与图像 $|M\rangle$ 的位置信息相同，则交换 $|I\rangle$ 的最低比特 $|c_0^i\rangle$ 和 $|M\rangle$ 的信息位 $|mk_l\rangle$。

步骤 3 逆置乱。运用逆置乱线路使图像从置乱后的图像恢复到原来的图像。

分块嵌入线路如图 6-9 所示。它与图 6-2 所示的量子 LSB 算法嵌入线路的原理相似，与其不同之处主要体现在以下两方面。

（1）分块嵌入线路在嵌入前后增加了置乱和逆置乱操作，以增强算法的不可检测性。

（2）嵌入时用 $2n-p$ 个 CNOT 门判断图像 $|I\rangle$ 的位置信息 $|y_{n-1}y_{n-2}\cdots y_{p_1}x_{n-1}x_{n-2}\cdots x_{p_2}\rangle$ 与图像 $|M\rangle$ 的位置信息是否相同，即只对载体图像 $|I\rangle$ 的部分位置信息进行操作，以实现分块重复嵌入。重复嵌入的目的是增强算法稳健性。例如，一个消息比特"1"被重复 4 次变为"1111"后嵌入载体中（即重复嵌入 4 次），如果提取出的消息为"1101"，即第 3 个重复比特发生错误，仍然可以根据多数原则，将消息比特恢复为"1"，这样就增强了算法的稳健性。

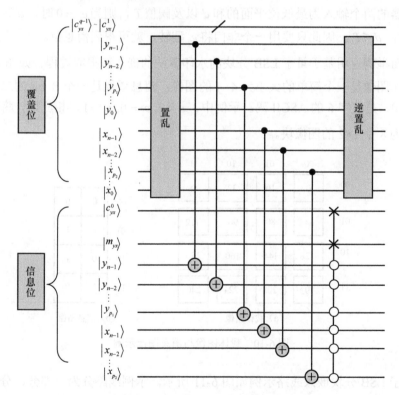

图 6-9　量子 LSB 分块嵌入线路

3．块提取过程

由块嵌入过程可知，每 1 bit 消息被重复嵌入 2^p 次。因此，需要设置多数原则来判断最终的消息比特。对一个图像块，获取块中的所有最低比特并求和，即对其中的比特"1"计数，如果计数结果和大于或等于某个阈值，则消息比特取 1，否则消息比特取 0。块提取过程的具体步骤如下。

步骤 1 置乱。这一步骤与块嵌入过程的步骤 1 相同。

步骤 2 分块。利用一个控制线路来设置块间坐标 $\left|y_{n-1}y_{n-2}\cdots y_{p_1}x_{n-1}x_{n-2}\cdots x_{p_2}\right\rangle$。为了将图像分成 $2^{n-p_1}\times 2^{n-p_2}=2^{2n-p_1-p_2}$ 个块，该控制线路中有 $2^{2n-p_1-p_2}$ 个控制层，每个控制层的控制值分别为 $0,1,\cdots,2^{2n-p_1-p_2}-1$，对应每个图像块。

步骤 3 计数。使用计数器线路来计算每个块中所有像素的最低位平面的和 d。

步骤 4 比较。将 d 与某个阈值 T 进行比较。如果 $d\geqslant T$，则消息位为 1；否则，消息位为 0。一般来讲，阈值 T 设置为图像块中像素个数的一半，即 2^{p-1}。

由以上步骤可以看出，块提取过程中使用了量子计数器和量子比较器。如果量子比较器的两个输入为最低位平面的和 d 以及阈值 T，则当 $e_0=0$ 时，$d\geqslant T$；当 $e_0=1$ 时，$d<T$。因此只要用一个非门将 e_0 翻转，就可得到消息位。

下面举例说明基于量子 LSB 分块的水印算法的嵌入和提取过程。如图 6-10 所示，载体图像是一个简单的大小为 4×4 的图像；消息图像是一个 8 bit 的二值图像 00110110，是数字 6 的 ASCII 码。示例中，$n=2,p_1=0,p_2=1$。相应地，将载体图像分割为 8 个 1×2 的图像块。

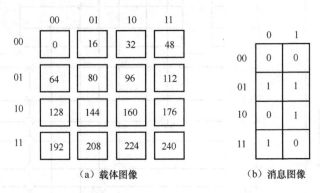

（a）载体图像　　　　　　　（b）消息图像

图 6-10　载体图像与消息图像示例

量子 LSB 分块嵌入线路示例如图 6-11 所示。示例线路分为三部分，分别是置乱、嵌入、逆置乱。其中，置乱方法采用量子 Hilbert 变换。

分块部分是一个控制线路，控制值分别为 000、001、010、…、111，用来决定 $c^0_{y_0 y_0 x_1 x_0}$ 进入哪个计数器。例如，控制值为 000，则 c^0_{000x} 将与第一个辅助量子比特 $|0\rangle$ 交换，然后进入第一个计数器。该控制线路可以起到分块的作用，因为 c^0_{000x} 对

应两个像素的最低比特，这两个像素的位置信息分别是 $|YX\rangle=|0000\rangle$ 和 $|YX\rangle=|0001\rangle$，也就是图 6-10（a）所示载体图像中左上角的大小为 1×2 的图像块。

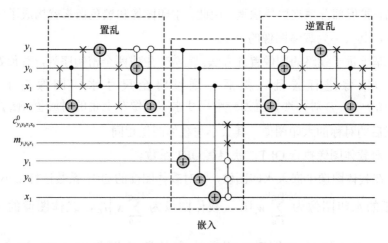

图 6-11　量子 LSB 分块嵌入线路示例

6.2.2　基于量子傅里叶变换的量子水印算法

1. 水印嵌入过程

水印嵌入过程原理如下。预处理的水印图像嵌入量子载体图像的傅里叶系数中，不会影响载体图像的视觉效果。傅里叶变换保证了嵌入载体图像中的水印能够应对噪声攻击和裁剪攻击。因为人眼无法区分嵌入水印的载体图像与原始载体图像，所以嵌入水印后的载体图像能够正常使用[12]。

根据 FRQI 模型，量子图像中像素的颜色可以写为 $I(\theta)=\cos\theta|0\rangle+\sin\theta|1\rangle$，其中 θ 表示像素的颜色。因为只考虑量子图像的颜色信息，所以量子图像可以写为 $\overset{N-1}{\underset{i=0}{\otimes}}I(\theta_i)=\sum_{i=0}^{N-1}x_i|i\rangle$，其中 $|i\rangle$ 表示颜色空间中的向量。

由于 QFT 的特性，需要保证嵌入水印后载体图像的像素值仍然真实。例如，载体图像大小为 $m\times n$，则 QFT 系数的修正值必须满足以下条件：$\delta(i,j)=\delta(m-1-i,n-1-j)$，$0\leqslant i\leqslant m-1$，$0\leqslant j\leqslant n-1$，其中，$\delta(i,j)$ 表示载体图像的 QFT 系数 (i,j) 的修正值。因此，要嵌入载体图像中的水印图像应该是对称的，即 $w(i,j)=w(m-1-i,n-1-j)$，其中，$w(i,j)$ 是水印图像 (i,j) 点的像素，该算法的容量是载体图像大小的一半。具体嵌入过程如下。

（1）对水印图像进行预处理。如果水印图像小于载体图像的一半，则将其扩展至载体图像的一半。具体来说，将水印图像放置在与载体图像大小相同的白色图像的左上角，扩展部分填充黑色像素。由此，水印图像和黑色像素就构成了一个修正水印图像，其大小为载体图像的一半。

（2）基于量子线路的图像置乱方法。首先，生成两个密钥序列，对预处理后的修正水印图像进行置乱。然后，通过将全尺寸水印图像右下角的值 $w(m-1-i, n-1-j)$ 对称地设置为一半尺寸水印图像左上角的对应值 $w(i,j)$。最终获得修正后的对称的水印图像，其大小与载体图像相同。

（3）对载体图像执行 QFT，获得其 QFT 系数。

（4）在载体图像中嵌入水印图像，即对载体图像的 QFT 系数进行微小的改变。如果修正的水印图像为 $\sum_{i=0}^{MN-1} w_i|i\rangle$，载体图像为 $\sum_{i=0}^{MN-1} x_i|i\rangle$，载体图像的 QFT 为 $\sum_{i=0}^{MN-1} y_i|i\rangle$，那么经过变化后，嵌入水印的载体图像的 QFT 为 $\sum_{i=0}^{MN-1} y_i'|i\rangle = \sum_{i=0}^{MN-1} (y_i + \alpha w_i)|i\rangle$，嵌入的比例取决于 α $(0<\alpha<1)$。

（5）对嵌入过程执行逆 QFT 以获得嵌入水印的载体图像。

2. 水印提取过程

在一般的水印算法中，水印提取只对嵌入者有效，保证了水印图像的安全性。本节所述算法中，嵌入过程使用原始载体图像、用于确定嵌入比例的密钥和用于预处理水印图像的密钥来提取水印图像。假设载体图像的 QFT 为 $\sum_{i=0}^{MN-1} y_i'|i\rangle$，提取的过程如下。

（1）对嵌入水印的载体图像执行 QFT，获取 $\sum_{i=0}^{MN-1} y_i'|i\rangle = \sum_{i=0}^{MN-1} (y_i + \alpha w_i)|i\rangle$。

（2）提取最终修正的水印图像：$\sum_{i=0}^{MN-1} w_i|i\rangle = \sum_{i=0}^{MN-1} (y_i' - y_i)/\alpha|i\rangle$。

（3）对所得最终修正的水印图像执行逆图像置乱，得到真实的水印图像。

6.2.3 基于量子 Haar 小波变换的水印算法

下面介绍一种基于量子 Haar 小波变换的水印算法[9]。

1．旋转矩阵

设沿 y 轴（沿 x 轴与之类似）旋转的矩阵和它的逆旋转矩阵分别为

$$\boldsymbol{R}(\omega_i) = \begin{pmatrix} \cos\omega_i & \sin\omega_i \\ -\sin\omega_i & \cos\omega_i \end{pmatrix}, \boldsymbol{R}'(\omega_i) = \begin{pmatrix} \cos\omega_i & -\sin\omega_i \\ \sin\omega_i & \cos\omega_i \end{pmatrix} \tag{6.20}$$

其中，ω_i 表示待嵌入数据的量化序列的角度。执行这个旋转操作即可嵌入水印，而且只对原始图像的像素值进行了微调。例如，对于一幅大小为 2×2 的图像，有

$$\boldsymbol{Q} = \boldsymbol{R}(\omega_i) \otimes I_2 = \begin{pmatrix} \cos\omega_i & \sin\omega_i & 0 & 0 \\ -\sin\omega_i & \cos\omega_i & 0 & 0 \\ 0 & 0 & \cos\omega_i & \sin\omega_i \\ 0 & 0 & -\sin\omega_i & \cos\omega_i \end{pmatrix}, \quad \boldsymbol{P} = \begin{pmatrix} a_1 & b_1 & c_1 & d_1 \\ a_2 & b_2 & c_2 & d_2 \\ a_3 & b_3 & c_3 & d_3 \\ a_4 & b_4 & c_4 & d_4 \end{pmatrix} \tag{6.21}$$

其中，$\boldsymbol{Q}$ 为应用于图像尺寸的旋转矩阵，$\boldsymbol{P}$ 为图像矩阵，$\boldsymbol{I}$ 为单位矩阵。

可以验证

$$\boldsymbol{Q}'\boldsymbol{Q}\boldsymbol{P} = (\boldsymbol{R}'(\omega_i) \otimes I)(\boldsymbol{R}(\omega_i) \otimes I)\boldsymbol{P} = \boldsymbol{P} \tag{6.22}$$

其中，$\boldsymbol{Q}'$ 为逆旋转矩阵。

也就是说，旋转操作是可逆的，如果旋转角 ω_i 很小，则旋转后的矩阵值也只有微小的变化，使用旋转操作可以嵌入水印，而使用逆旋转操作可以提取水印和恢复图像。

2．水印嵌入

水印嵌入是基于正移置换矩阵的量子 Haar 小波变换建立的，水印嵌入流程如图 6-12 所示。

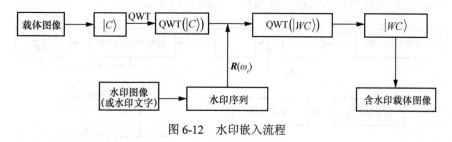

图 6-12　水印嵌入流程

步骤 1　量子图像的制备

对于一个大小为 $2^n \times 2^n$ 的量子载体图像 C 和与其大小相同的一个水印图像 W，其用 FRQI 模型分别表示为

$$|C\rangle = \frac{1}{2^n} \sum_{i=0}^{2^{2n}-1} [\theta_i] \otimes |i\rangle = \sum_{i=0}^{2^{2n}-1} |c_i\rangle \otimes |i\rangle \qquad (6.23)$$

$$|W\rangle = \frac{1}{2^n} \sum_{j=0}^{2^{2n-1}-1} [\theta_j] \otimes |j\rangle = \sum_{j=0}^{2^{2n-1}-1} |\omega_j\rangle \otimes |j\rangle \qquad (6.24)$$

步骤2 量子小波变换

对载体图像进行 QWT，则其量子小波系数为

$$\mathrm{QWT}(|C\rangle) = \frac{1}{2^n} \sum_{i=0}^{2^{2n-1}} \mathrm{QWT}([\theta_i] \otimes |i\rangle) = \sum_{i=0}^{2^{2n-1}} |wc_i\rangle \otimes |i\rangle \qquad (6.25)$$

步骤3 嵌入水印

将水印图像像素值（或水印文字字符）量化为 8 bit 二进制序列，根据式（6.26）将处理好的量子水印图像嵌入载体图像的小波系数中。

$$\mathrm{QWT}(|WC\rangle) = \frac{1}{2^n} \sum_{i=0}^{2^{2n}-1} \left(R(\omega_i) \otimes I^{2n} \right) \mathrm{QWT}([\theta_i] \otimes |i\rangle) \qquad (6.26)$$

其中，$|WC\rangle$ 表示含水印的量子图像。

步骤4 量子小波逆变换

利用 IQWT 对嵌入水印的载体图像进行逆变换，得到与嵌入水印之前看起来相同的常规图像。

3. 水印认证

水印认证流程与嵌入流程大致相反，如图 6-13 所示。

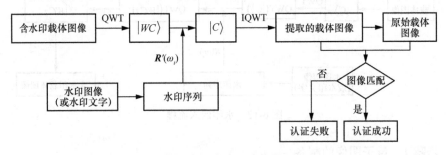

图 6-13　水印认证流程

含水印载体图像的水印提取与图像恢复过程均可以采用矩阵转换的方式实现，

具体过程如下。

首先，对载体图像进行 QWT，得到

$$\mathrm{QWT}\big(|WC\rangle\big)=\frac{1}{2^n}\sum_{i=0}^{2^{2n}-1}(\boldsymbol{R}(\omega_i)\otimes I^{2n})\mathrm{QWT}\big([\theta_i]\otimes|i\rangle\big)\qquad(6.27)$$

其中，$|WC\rangle$ 表示含水印的量子图像。

其次，利用逆旋转矩阵 $\boldsymbol{R}'(\omega_i)$ 对该量子图像执行逆旋转操作，得到量子小波变换后的载体量子图像 $|C\rangle$，再对 $|C\rangle$ 做量子小波逆变换便可得到提取的载体图像。

如果经过水印提取得到的载体图像与原始载体图像能够匹配成功，则认证成功，否则认证失败。

6.2.4　基于莫尔条纹的量子信息隐藏

1. 莫尔条纹

周期结构的点纹和线纹重叠而产生的明暗相间的条纹被称为莫尔条纹[13-14]。莫尔条纹如图 6-14 所示。

图 6-14　莫尔条纹

2. 基于莫尔条纹的量子图像信息隐藏的嵌入操作

基于莫尔条纹的量子图像信息隐藏[15]的嵌入操作包括以下步骤。

步骤 1　选择一个原始图像作为载体图像，该载体图像被称为莫尔光栅。

步骤 2　使用形变操作处理原始载体图像和待隐藏的消息图像，从而获得莫尔模式。

步骤3　使用去噪操作将莫尔模式转变为含有隐藏信息的载体图像。

下面详细介绍上述步骤中的形变操作和去噪操作。

（1）形变操作

形变操作是在原始载体图像 I_1 中嵌入消息图像 f（即水印图像）的过程，可表示为

$$I_2(Y,X) = \begin{cases} I_1(Y,X), & f(Y,X)=0 \\ I_1((Y-1),X), & f(Y,X)=1 \text{ 且 } Y>0 \\ I_1((2^n-1),X), & f(Y,X)=1 \text{ 且 } Y=0 \end{cases} \tag{6.28}$$

由式（6.28）可以看出，当消息图像 f 的像素 (X,Y) 的值为 0，即 $f(X,Y)=0$ 时，原始载体图像对应位置的像素值 $(I_1(Y,X))$ 将保持不变；当消息图像 f 的像素 (X,Y) 的值为 1，即 $f(X,Y)=1$，且 $Y>0$，即该像素不在图像第一行时，则原始载体图像对应位置的像素值用其正上方像素的值 $(I_1((Y-1),X))$ 替换；当消息图像 f 的像素 (X,Y) 的值为 1，即 $f(X,Y)=1$，且 $Y=0$，即该像素在图像第一行时，则原始载体图像的对应位置的像素值用最后一行像素的值 $I_1((2^n-1),X)$ 替换。

当 $Y>0$ 时，$I_1((Y-1),X)=I_1((Y-1)\bmod 2^n,X)$；当 $Y=0$ 时，$I_1((2^n-1),X)=I_1((-1)\bmod 2^n,X)=I_1((Y-1)\bmod 2^n,X)$，因此式(6.28)的后两行可以表示为

$$I_2(Y,X)=I_1((Y-1)\bmod 2^n,X), \quad f(Y,X)=1$$

因此，形变操作可以通过 q 个控制交换门（C-SWAP）实现，其量子线路如图 6-15 所示。其中，q 是图像颜色量子比特数，表示需要将 q 个量子比特的载体图像颜色信息与水印图像颜色信息进行交换。当 $f(Y,X)=1$ 时，交换载体图像中 $I_1(Y,X)$ 和 $I_1((Y-1)\bmod 2^n,X)$ 的值。

（2）去噪操作

当提取隐藏消息时，需判断 $I_2(Y,X)$ 与 $I_1(Y,X)$ 是否相等，从而得出水印比特 $f_d(Y,X)$ 的值。如果 $I_2(Y,X)=I_1(Y,X)$，则 $f_d(Y,X)=0$；否则 $f_d(Y,X)=1$。然而，如果原始载体中图像 $I_1(Y,X)=I_1((Y-1)\bmod 2^n,X)$，则 $f_d(Y,X)=0$，这与嵌入的 $f(Y,X)=1$ 不符，导致提取的消息图像中出现噪声。

去噪操作的作用就是解决上述问题。如果 $f(Y,X)=1$，$I_1(Y,X)=I_1((Y-1)\bmod 2^n,X)$，则将图像 I_2 的最低比特翻转，表示为

$$C^{q-1}_{I_2(Y,X)}=\overline{C^{q-1}_{I_2(Y,X)}} \tag{6.29}$$

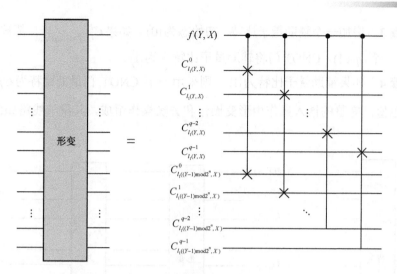

图 6-15　形变操作量子线路

去噪操作量子线路如图 6-16 所示，包含 4 个步骤，具体说明如下。

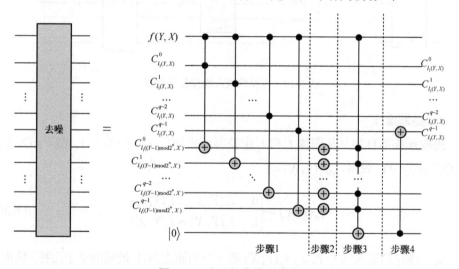

图 6-16　去噪操作量子线路

步骤 1　通过 q 个 Toffoli 门，逐比特判断是否满足条件 $f(Y,X)=1$ 和 $I_1(Y,X)=I_1((Y-1)\bmod 2^n,X)$。如果满足，则所有的量子比特 $C^k_{I_1((Y-1)\bmod 2^n,X)}$ 都置为 0，其中 $k=0,1,\cdots,q-1$。

步骤 2　通过 q 个非门来翻转 $C^k_{I_1((Y-1)\bmod 2^n,X)}$ 的值。如果式（6.29）的条件满足，则所有的量子比特 $C^k_{I_1((Y-1)\bmod 2^n,X)}$ 都被翻转为 1，其中 $k=0,1,\cdots,q-1$。

步骤 3 增加一个辅助量子比特，初始态为 $|0\rangle$。如果 $C_{I_1((Y-1)\bmod 2^n,X)}^k$ 都被翻转为 1，则用一个 $(q+1)-\text{CNOT}$ 门将辅助量子比特变为 $|1\rangle$。

步骤 4 如果辅助量子比特为 $|1\rangle$，则采用一个 CNOT 门最低比特为 $C_{I_2(Y,X)}^{q-1}$ 的翻转颜色值。完整的嵌入操作由形变操作和去噪操作组成，其量子线路如图 6-17 所示。

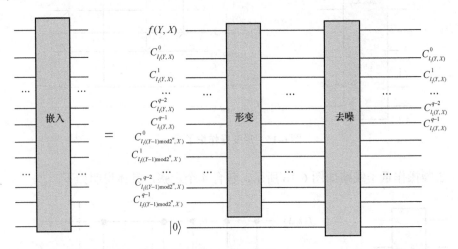

图 6-17 完整的嵌入操作量子线路

3. 提取操作

提取操作的目的是从图像 I_1 和 I_2 中获得解密图像 f_d。如果 $I_2(Y,X)=I_1(Y,X)$，则 $f_d(Y,X)=0$；否则，$f_d(Y,X)=1$。

$$f_d(Y,X)=\begin{cases}0, & I_2(Y,X)=I_1(Y,X)\\ 1, & I_2(Y,X)\neq I_1(Y,X)\end{cases} \tag{6.30}$$

提取操作的输入为 $I_1(Y,X),I_2(Y,X)$ 和一个初始态为 $|1\rangle$ 的辅助量子比特，输出为由辅助量子比特得到的 $f_d(Y,X)$。提取操作量子线路如图 6-18 所示，包括以下步骤。

步骤 1 用 q 个 CNOT 门逐比特比较图像 $I_1(Y,X)$ 和 $I_2(Y,X)$ 的颜色信息，如果 $I_2(Y,X)=I_1(Y,X)$，则所有的目标量子比特 $C_{I_1(Y,X)}^0,C_{I_2,(Y,X)}^1,\cdots,C_{I_2(Y,X)}^{q-2},C_{I_t(Y,X)}^{q-1}$ 将被置为 0。

步骤 2 用 q 个 CNOT 门来翻转 $C_{I_1(Y,X)}^0,C_{I_2,(Y,X)}^1,\cdots,C_{I_2(Y,X)}^{q-2},C_{I_t(Y,X)}^{q-1}$ 的值。

步骤 3 通过一个 $q-\text{CNOT}$ 门来得到 $f_d(Y,X)$。如果 $I_2(Y,X)=I_1(Y,X)$，则控

制量子比特 $C_{I_1(Y,X)}^0, C_{I_2,(Y,X)}^1, \cdots, C_{I_2(Y,X)}^{q-2}, C_{I_1(Y,X)}^{q-1}$ 将全部为 1，此时目标量子比特将被翻转为 0；否则，目标量子比特将保持不变。

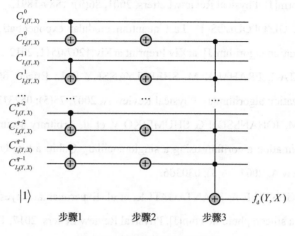

图 6-18　提取操作量子线路

6.3　本章小结

本章介绍了几种量子水印算法。对于使用量子计算机实现的 LSB 算法，本章给出了嵌入和提取过程的量子线路，该算法不需要经典计算机和人工参与，可以直接通过量子计算机完成，提取操作不需要原始载体图像，属于盲水印算法。而根据莫尔条纹设计的量子水印算法把水印图像嵌入载体图像中，提取需要原始载体图像，属于非盲水印算法。根据量子小波变换和量子傅里叶变换设计的水印算法同样属于非盲水印算法 。

参考文献

[1] TIRKEL A Z, RANKIN G A, SCHYNDEL V R M, et al. Electronic watermark[C]// Proceedings of Digital Image Computing, Technology and Applications. Piscataway: IEEE Press, 1993: 666-673.

[2] JIANG N, ZHAO N, WANG L. LSB based quantum image steganography algorithm[J].International Journal of Theoretical Physics, 2016, 55(1): 107-123.

[3] BRACEWELL R N. The Fourier transform[J]. Scientific American, 1989, 260(6): 86-95.

[4] WEINSTEIN Y S, PRAVIA M A, FORTUNATO E M, et al. Implementation of the quantum Fourier transform[J]. Physical Review Letters, 2001, 86(9): 1889-1891.

[5] PAVLIDIS A, GIZOPOULOS D. Fast quantum modular exponentiation architecture for Shor's factorization algorithm[J]. arXiv Preprint arXiv:1207.0511, 2012.

[6] GARCÍA-MATA I, FRAHM K M, SHEPELYANSKY D L. Effects of imperfections for Shor's factorization algorithm[J]. Physical Review A, 2007, 75(5): 052311.

[7] DOBŠÍČEK M, JOHANSSON G, SHUMEIKO V, et al. Arbitrary accuracy iterative quantum phase estimation algorithm using a single ancillary Qubit: a two-Qubit benchmark[J]. Physical Review A, 2007, 76(3): 030306.

[8] PAESANI S, GENTILE A , SANTAGATI R, et al. Experimental Bayesian quantum phase estimation on a silicon photonic chip[J]. Physical Review Letters, 2017, 118(10): 100503.

[9] 牟群刚, 蒋天发, 刘晶. 基于量子 Haar 小波变换的图像水印算法[J]. 信息网络安全, 2015(6): 55-60.

[10] ZHOU R G, HU W W, FAN P. Quantum watermarking scheme through Arnold scrambling and LSB steganography[J]. Quantum Information Processing, 2017, 16(9): 1-21.

[11] HU W W, ZHOU R G, LUO J, et al. LSBs-based quantum color images watermarking algorithm in edge region[J].Quantum Information Processing, 2018, 18(1): 1-27.

[12] ZHANG W W, GAO F, LIU B, et al. A watermark strategy for quantum images based on quantum Fourier transform[J]. Quantum Information Processing, 2013, 12(2): 793-803.

[13] JAWORSKI A. Epilogue: the Moiré effect and the art of assemblage[J]. Social Semiotics, 2017, 27(4): 532-543.

[14] SAVELJEV V, KIM S K. Theoretical estimation of Moiré effect using spectral trajectories[J]. Optics Express, 2013, 21(2): 1693-1712.

[15] JIANG N, WANG L. A novel strategy for quantum image steganography based on Moiré pattern[J]. International Journal of Theoretical Physics, 2015, 54(3): 1021-1032.

第 7 章
量子图像边缘检测

目前，实际应用中需要处理的图像数量急剧增加，传统计算机的计算能力已不能满足需求。量子信息处理技术通过量子态叠加、纠缠和并行等量子物理性质来实现对经典问题的快速求解。图像边缘检测是经典图像处理中的一个重要研究课题，图像边缘检测算法能够提取图像边缘特征并保留重要属性。量子图像边缘检测算法对于解决经典图像边缘检测算法效果不理想的问题，并提高图像边缘特征提取的计算速度具有重要的意义[1-3]。本章介绍了经典启发的量子图像处理技术，这些技术的灵感来自量子计算硬件即将物理实现的预期，因此研究的重点是将经典图像处理任务和应用扩展到未来量子计算机框架中。

7.1　图像边缘检测技术

图像边缘检测技术能够快速地对图像中的物体进行轮廓描述，为物体的分割、背景的分离提供了重要的帮助。图像的边缘检测与视觉识别是一种多分辨率的图像信息处理技术，在高分辨率的情况下，能够清晰地捕捉影像中的细节。随着图像采集技术的进步，需要处理的图像数量和分辨率要求都大幅提升，因此，对边缘检测算法进行深入研究显得尤为必要。

在本质上，图像边缘检测是一种滤波算法，滤波的规则是完全一致的，区别仅在于滤波器的选择。为了更好地理解边缘检测算子，我们引入梯度这一概念，梯度是人工智能领域中一个非常重要的概念，在机器学习、深度学习领域频繁出现。一

维函数的一阶微分定义为

$$\frac{\mathrm{d}f(x)}{\mathrm{d}x}=\lim_{\varepsilon\to0}\frac{f(x+\varepsilon)-f(x)}{\varepsilon} \tag{7.1}$$

图像的滤波一般是基于灰度图进行的。由于经典图像是二维的，二维函数的微分，即偏微分方程定义为

$$\frac{\partial f(x,y)}{\partial x}=\lim_{\varepsilon\to0}\frac{f(x+\varepsilon,y)-f(x,y)}{\varepsilon} \tag{7.2}$$

$$\frac{\partial f(x,y)}{\partial y}=\lim_{\varepsilon\to0}\frac{f(x,y+\varepsilon)-f(x,y)}{\varepsilon} \tag{7.3}$$

边缘检测算子应满足以下条件。（1）滤波器的大小应为奇数，以便有一个用于分配运算的中心点，常用的滤波器或卷积核的大小有3×3、5×5等，5×5的卷积核的半径为2。（2）滤波器中所有元素之和应为0，这一条件是为了保证滤波前后图像总体灰度值不变。常用的边缘检测算子优缺点总结如下。（1）Roberts 算子[4]、Sobel 算子[5]、Prewitt 算子[6]运算速度快，对噪声也有一定的抑制作用，但检测出的边缘质量不高，会出现如边缘较粗、定位不准、间断点多等问题。（2）Canny算子[7]不容易受噪声干扰，得到的边缘精细且准确，但是具有运算代价较高的缺点，运行于实时图像处理较困难，适用于高精度要求的应用。（3）Marr-Hildreth 算子[8]边缘检测效果相对较好，但对噪声比较敏感。

7.1.1　Sobel 算子图像边缘检测

Sobel 算子[5]属于离散性差分算子，主要用于图像边缘检测，计算图像灰度函数的灰度近似值。Sobel 算子用于图像中的任意点都会生成对应的灰度矢量或其法矢量。Sobel 算子由横向卷积因子和纵向卷积因子组成，如图 7-1 所示。

（a）横向卷积因子　　（b）纵向卷积因子

图 7-1　Sobel 算子

横向卷积因子和纵向卷积因子均为大小为 3×3 的矩阵,将其与图像进行平面卷积，即可分别得出横向和纵向的灰度差分近似值。A 代表原始图像，G_x 及 G_y 分别代表横向和纵向的边缘检测图像灰度值，其计算式如下

$$G_x = \begin{bmatrix} -1 & 0 & +1 \\ -2 & 0 & +2 \\ -1 & 0 & +1 \end{bmatrix} * A, \quad G_y = \begin{bmatrix} +1 & +2 & +1 \\ 0 & 0 & 0 \\ -1 & -2 & -1 \end{bmatrix} * A \tag{7.4}$$

将每个像素的横向和纵向灰度值合并，可得该像素的灰度值为

$$G = \sqrt{G_x^2 + G_y^2} \tag{7.5}$$

通常，对式（7.5）使用不开平方的近似值以提高计算效率，即

$$|G| = |G_x| + |G_y| \tag{7.6}$$

当 G 超过阈值时，则像素 (x, y) 被认定为边缘点。梯度方向的计算式为

$$\Theta = \arctan\left(\frac{G_y}{G_x}\right) \tag{7.7}$$

Sobel 算子利用像素上下左右的相邻像素的灰度加权差在边缘处达到极值这一现象进行边缘检测。它能有效地消除噪声，并准确地获取边缘方向信息，但是其获取图像边缘位置的准确性不高。在精度要求不高的场景下，它是一种比较常用的图像边缘检测技术。

7.1.2 Prewitt 算子图像边缘检测

Prewitt 算子[6]是一种一阶微分的边缘检测算子，其利用像素的上下左右邻域像素的灰度差在边缘处达到极值的特性进行边缘检测，可以去掉部分伪边缘，对于噪声具有平滑作用。其原理是在图像空间利用两个分别检测水平边缘与垂直边缘的模板与图像进行邻域卷积。

Prewitt 算子与 Sobel 算子类似，区别在于 Prewitt 算子并不把重点放在相邻的像素上，其对噪声具有平滑作用。为避免在像素之间内插点上计算梯度，可以采用大小为 3×3 的邻域。Prewitt 算子也是一种梯度，且该算子同样包含横向卷积因子

和纵向卷积因子，将其与图像进向平面卷积即可分别得出横向及纵向的灰度差分近似值。A 表示原始图像，P_x 和 P_y 分别表示经横向及纵向边缘检测后的图像，其计算式如下

$$P_x = \begin{bmatrix} -1 & 0 & 1 \\ -1 & 0 & 1 \\ -1 & 0 & 1 \end{bmatrix} * A, \quad P_y = \begin{bmatrix} 1 & 1 & 1 \\ 0 & 0 & 0 \\ -1 & -1 & -1 \end{bmatrix} * A \tag{7.8}$$

7.1.3　Kirsch 算子图像边缘检测

边缘信息是图像处理中非常重要的特征，它的存在主要是为了凸显目标信息以及简化预处理图像。图像对比度对边缘检测来说较为重要，对于灰度图像来说，表现差异大的部分灰度数值差异大，而对于彩色图像来说则颜色值差异大。

Kirsch 算子[9]采用 8 个模板来处理图像的边缘，属于模板匹配算子。其使用多个方向的卷积模板与待处理图像分别进行卷积，最终通过对比得到邻域像素的最大灰度值。由于使用 Kirsch 算子进行检测时各个像素的邻域检测结果是相互独立的，因此使用 Kirsch 算子可以在并行计算的情况下进行实时检测。Kirsch 算子使用 8 个方向卷积模板分别从 8 个方向进行图像边缘的检测，并将响应最大的方向作为具有边缘振幅的图像的边缘，既定的方向由 Kirsch 算子的每个模板表示。Kirsch 算子的模板如下

$$\begin{pmatrix} 5 & 5 & 5 \\ -3 & 0 & -3 \\ -3 & -3 & -3 \end{pmatrix} \begin{pmatrix} 5 & 5 & -3 \\ 5 & 0 & -3 \\ -3 & -3 & -3 \end{pmatrix} \begin{pmatrix} 5 & -3 & -3 \\ 5 & 0 & -3 \\ 5 & -3 & -3 \end{pmatrix} \begin{pmatrix} -3 & -3 & -3 \\ 5 & 0 & -3 \\ 5 & 5 & -3 \end{pmatrix}$$

$$\begin{pmatrix} -3 & -3 & -3 \\ -3 & 0 & -3 \\ 5 & 5 & 5 \end{pmatrix} \begin{pmatrix} -3 & -3 & -3 \\ -3 & 0 & 5 \\ -3 & 5 & 5 \end{pmatrix} \begin{pmatrix} -3 & -3 & 5 \\ -3 & 0 & 5 \\ -3 & -3 & 5 \end{pmatrix} \begin{pmatrix} -3 & 5 & 5 \\ -3 & 0 & 5 \\ -3 & -3 & -3 \end{pmatrix} \tag{7.9}$$

矩阵图像的任意一点 P 与其邻域的 8 个像素的表示模板为

$$\begin{pmatrix} P_1 & P_0 & P_7 \\ P_2 & P & P_6 \\ P_3 & P_4 & P_5 \end{pmatrix} \tag{7.10}$$

假设 K_1 是图像通过 Kirsch 算子处理后的灰度值矩阵，那么以方向 K_0 为例，则有

$$K_0 = \begin{pmatrix} 5 & 5 & 5 \\ -3 & 0 & -3 \\ -3 & -3 & -3 \end{pmatrix} \begin{pmatrix} P_1 & P_0 & P_7 \\ P_2 & P & P_6 \\ P_3 & P_4 & P_5 \end{pmatrix} = 5(P_1 + P_2 + P_3) - 3(P_0 + P_4 + P_5 + P_6 + P_7) \quad （7.11）$$

处理后的图像的 P 点为

$$K_1 = \max \{K_0 \; K_1 \; K_2 \; K_3 \; K_4 \; K_5 \; K_6 \; K_7\} \quad （7.12）$$

从式（7.12）可以看到，Kirsch 算子处理后的图像的灰度值仅与它邻域的 8 个像素有关。

7.1.4　Canny 算子图像边缘检测

Canny 算子图像边缘检测算法[7]是使用 Canny 算子设计的一个多级图像边缘检测算法。其目的在于找到最佳边界，最佳边界的定义如下。

（1）检测能力好：算法可以尽量多地把图像的实际边界标记出来。

（2）定位能力好：算法所标记的边界与图像的实际边界尽量吻合。

（3）响应能力小：图像边界只能被算法标记一次，并且图像噪声不应该被标记成边界。

Canny 算子图像边缘检测算法的具体步骤如下。

（1）高斯滤波

高斯滤波是目前最常用的去噪滤波算法，它的基本原则是将被过滤的像素和它的邻域像素的灰度值按高斯公式所产生的参量法则进行加权平均，从而有效地过滤在理想图像上产生的高频噪声。

二维高斯公式为

$$G(x, y) = \frac{1}{2\pi\sigma^2} e^{-\frac{x^2+y^2}{2\sigma^2}} \quad （7.13）$$

常见的高斯滤波器如图 7-2 所示。实际上，高斯滤波器是一种类似于金字塔的结构，滤波器的数值可以用加权系数来表示，加权系数越大，分量也就越大。从图 7-2

可以看出，随着与当前像素距离的增加，加权系数降低，其对灰度的影响也会降低。

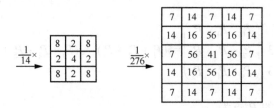

图 7-2　常见的高斯滤波器

（2）计算梯度图像与角度图像

对于梯度图像的计算前文已进行简单介绍，即利用不同的边缘检测算子来进行梯度检测。Canny 算子图像边缘检测算法所采用的梯度检测算子是通过高斯滤波器进行梯度运算而获得的，其结果与 Sobel 算子相似，像素离中心像素越近，权重越大。而角度图像的计算比较简单，它的作用是对非极大值抑制的方向进行指导，表达式如下

$$\phi(x,y) = \arctan \left| \frac{\partial f}{\partial y} \middle/ \frac{\partial f}{\partial x} \right| \tag{7.14}$$

（3）对梯度图像进行非极大值抑制

通过上述处理得到的梯度图像存在边缘干扰和边缘宽粗等问题，我们可以使用非极大值抑制的方法得到图像梯度局部极大值，即像素的局部极大值，然后将图像梯度的非极大值对应的像素灰度值置 0，这样就可以排除大量的非边缘处的像素。这里要指出的是梯度方向交点并不一定落在八邻域的 8 个像素所在位置，因此在实际应用中使用相邻两个点的双线性插值所形成的灰度值。

如图 7-3 所示，C 代表当前梯度非极大值抑制的点，$g_1 \sim g_4$ 为它的八邻域点，图 7-3 中斜线表示上一步计算得到的梯度图像 C 点的值，即梯度。首先判断 C 点的像素灰度值在其八邻域中是否最大，若是则继续检查梯度方向与八邻域图的交点的值是否大于 C 点的值；若不是则判定 C 点为梯度极大值点，将对应的像素灰度值置 1。通过上述步骤生成的图像是一幅二值类型的图像，理想状态下其边缘是单像素边缘。

非极大值抑制后得到的图像如图 7-4 所示，其中梯度方向均为垂直向上，经过非极大值抑制后取梯度极大值点为边缘点，形成细且准确的单像素边缘。

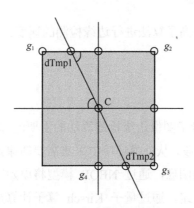

图 7-3　非极大值抑制

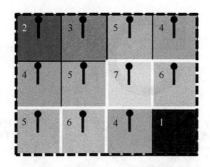

图 7-4　非极大值抑制后得到的图像

（4）使用双阈值法进行边缘连接

前 3 个步骤完成后，得到的图像质量已经比较好了，但是仍然有大量的假边缘。解决方法的基本思想如下。选择两个阈值，梯度小于低阈值的像素为假边缘，对应的像素灰度值置 0；大于高阈值的像素为强边缘，对应的像素灰度值置 1；介于两个阈值之间的像素进行进一步检测。在高阈值图像中连接边缘形成轮廓，当到达轮廓的断点时，在断点的八邻域点中搜索大于低阈值的点，并根据该点再次计算搜索新的边缘，直至整个图像边缘闭合。

7.2　基于 Kirsch 算子的量子图像边缘检测算法

经典边缘检测算法需计算每个像素的图像强度的梯度值，导致计算资源消耗较大。基于 Kirsch 算子的量子图像边缘检测算法[10]采用量子 Kirsch 算子，从而减少计算资源的损耗，极大提高了算法进行边缘检测的速度。

7.2.1　算法流程

基于 Kirsch 算子的量子图像边缘检测算法的主要流程如图 7-5 所示。主要流程可分为 4 个阶段。第一阶段，从外界环境中采集需要的原始图像作为算法的输入信息；第二阶段，量化原始图像，通过 NEQR 模型将原始图像表示为量子图像；第三阶段，设计基础量子线路，通过量子 Kirsch 算子计算量子图像的梯度值；第四阶段，通过阈值分类操作提取处理过的量子图像的边缘点。

图 7-5　基于 Kirsch 算子的量子图像边缘检测算法主要流程

接下来，我们将根据之前设计的一些量子线路和量子 Kirsch 算子计算量子图像的灰度值，并设计实现量子 Kirsch 算子的量子线路。

通过算法 7.1 所示的梯度计算算法，我们可以得到图像像素信息的梯度值。而据算法 7.1 得到的模板的八邻域数值，我们可以使用量子图像循环移位的操作计算得到图像所有像素的梯度值。

算法 7.1　梯度计算算法

输入　原始图像 I_{xy}，$|I\rangle = \dfrac{1}{2^n} \displaystyle\sum_{YX=0}^{2^n-1} |C_{YX}\rangle |YX\rangle$

步骤 1　C_{y+}，将 I_{xy} 向下移动一个单位，$I_{x\,y-1} = C_{y+}I_{xy} = \dfrac{1}{2^n} \displaystyle\sum_{YX=0}^{2^n-1} |C_{Y-1\,X}\rangle |YX\rangle$

步骤 2　C_{x+}，将 I_{xy-1} 向右移动一个单位，$I_{x-1\,y-1} = C_{x+}I_{x\,y-1} = \dfrac{1}{2^n} \displaystyle\sum_{YX=0}^{2^n-1} |C_{Y-1\,X-1}\rangle |YX\rangle$

步骤3　C_{y-}，将 $I_{x-1\,y-1}$ 向上移动一个单位，$I_{x-1\,y} = C_{y-}I_{x-1\,y-1} = \dfrac{1}{2^n}\sum_{YX=0}^{2^n-1}\left|C_{Y\,X-1}\right\rangle\left|YX\right\rangle$

步骤4　C_{y-}，将 $I_{x-1\,y}$ 向上移动一个单位，$I_{x-1\,y+1} = C_{y-}I_{x-1\,y} = \dfrac{1}{2^n}\sum_{YX=0}^{2^n-1}\left|C_{Y+1\,X-1}\right\rangle\left|YX\right\rangle$

步骤5　C_{x-}，将 $I_{x-1\,y+1}$ 向左移动一个单位，$I_{x\,y+1} = C_{x-}I_{x-1\,y+1} = \dfrac{1}{2^n}\sum_{YX=0}^{2^n-1}\left|C_{Y+1\,X}\right\rangle\left|YX\right\rangle$

步骤6　C_{x-}，将 $I_{x\,y+1}$ 向左移动一个单位，$I_{x+1\,y+1} = C_{x-}I_{x\,y+1} = \dfrac{1}{2^n}\sum_{YX=0}^{2^n-1}\left|C_{Y+1\,X+1}\right\rangle\left|YX\right\rangle$

步骤7　C_{y+}，将 $I_{x+1\,y-1}$ 向下移动一个单位，$I_{x+1\,y} = C_{y+}I_{x+1\,y+1} = \dfrac{1}{2^n}\sum_{YX=0}^{2^n-1}\left|C_{Y\,X+1}\right\rangle\left|YX\right\rangle$

步骤8　C_{y+}，将 $I_{x+1\,y}$ 向下移动一个单位，$I_{x+1\,y-1} = C_{y+}I_{x+1\,y} = \dfrac{1}{2^n}\sum_{YX=0}^{2^n-1}\left|C_{Y-1\,X+1}\right\rangle\left|YX\right\rangle$

步骤9　$C_{x+}C_{y-}$，将 $I_{x+1\,y-1}$ 移到初始点，$I_{x\,y} = C_{x+}C_{y-}I_{x+1\,y-1} = \dfrac{1}{2^n}\sum_{YX=0}^{2^n-1}\left|C_{YX}\right\rangle\left|YX\right\rangle$

为了计算量子图像中所有像素的梯度值，我们设计了基于量子 Kirsch 算子的量子黑盒 U_K。图像梯度值计算的量子线路通过加法操作、减法操作和倍值操作实现，如图 7-6 所示。

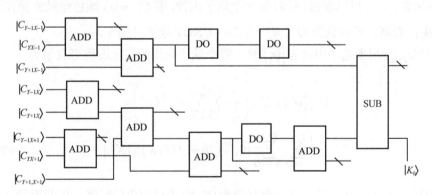

图 7-6　U_K 实现过程

对于一个颜色信息为 2^q、大小为 $2^n \times 2^n$ 的数字图像，NEQR 模型需要 $2n+q$ 个量子比特来存储图像信息。所以，制备量子态时需准备 $2n+q$ 个量子比特，并将其初始态置 $|0\rangle$，然后通过以下步骤将数字图像量化为量子图像。

（1）初始量子态通过单量子门 I 和 H 后转换为量子图像像素的等权叠加，该转换过程可以用 U_1 表示，即

$$U_1 = I^{\otimes q} \otimes H^{\otimes 2n} \tag{7.15}$$

初始量子态通过 U_1 后可被转换为中间量子态 $|\psi\rangle$，进而对该中间量子态的所有图像像素进行等权叠加，这一过程表示如下

$$U_1 = \left(I|0\rangle\right)^{\otimes q} \otimes \left(H|0\rangle\right)^{\otimes 2n} = \frac{1}{2^n}|0\rangle^{\otimes q} \otimes \sum_{i=0}^{2^{2n-1}}|i\rangle = |\psi_1\rangle \tag{7.16}$$

（2）对中间态 $|\psi_1\rangle$ 上的每个像素进行颜色位赋值。假设每个像素的子操作为 Ω_{YX}，对每一个像素进行颜色位赋值时需要进行 $2^n \times 2^n$ 个子操作；由于对单一像素的操作彼此不互相影响，因此针对图像每个像素的子操作可以表示为

$$U_{YX} = \left(I \otimes \sum_{j=0, j \neq Y}^{2^n-1} \sum_{i=0, i \neq X}^{2^n-1} |ji\rangle\langle ji|\right) + \Omega_{YX} \otimes |YX\rangle\langle YX| \tag{7.17}$$

其中，Ω_{YX} 代表对位置 (Y,X) 的像素进行颜色位赋值。

由于 NEQR 模型的单一 q 位量子比特序列存储着图像的颜色信息，因此需要 q 个量子操作才能完成一个像素的颜色位赋值，每个像素的颜色位赋值都需要完成 $|0\rangle \rightarrow |0 \oplus C_{YX}^i\rangle$。可以看出，针对每一个量子比特，若 $C_{YX}^i = 0$，颜色位赋值操作 Ω_{YX} 未发生；否则，可以认为 Ω_{YX} 是一个 $2n - $CNOT 量子门操作。

当 U_{YX} 作用于量子中间态 $|\psi_1\rangle$ 时，整个量子图像的演化过程可表示为

$$U_{YX}|\psi_1\rangle = U_{YX}\left(\frac{1}{2^n}\sum_{j=0}^{2^n-1}\sum_{i=0}^{2^n-1}|0\rangle^{\otimes q}\langle ji|\right) =$$
$$\frac{1}{2^n}\left(\sum_{j=0}^{2^n-1}\sum_{i=0, ji \neq YX}^{2^n-1}|0\rangle^{\otimes q}\langle ji| + |f(Y,X)\rangle|YX\rangle\right) \tag{7.18}$$

当 U_{YX} 作用于 $|\psi_1\rangle$ 时，只需要对像素 (Y,X) 进行颜色位赋值，依此类推，当完成图像中所有像素的颜色位赋值操作 Ω_{YX} 后，就构建出了量子图像表示模型。

在经典图像信息中，通过像素循环移位操作可以得到平移后的数据集，而量化为 NEQR 模型表示的量子图像可以通过量子循环移位获得量子计算所需的数据集，通过量子 Kirsch 算子我们可以计算图像所有像素的梯度值，然后利用阈值操作得到量子边缘图像，详细步骤如下。

（1）通过坐标变换得到 8 个量子图像。通过对原始图像进行循环移位，可以得

到一组量子图像集为

$$I_{xy}, I_{xy-1}, I_{x-1y-1}, I_{x-1y}, I_{x-1y+1}, I_{xy+1}, I_{x+1y+1}, I_{x+1y}, I_{x+1y-1} \qquad (7.19)$$

（2）根据 Kirsch 算子计算图像的梯度，表示为

$$|M_0\rangle = \mathrm{qADD}(I_{x-1y-1}, I_{x-1y}), |M_1\rangle = \mathrm{qADD}(|M_0\rangle, I_{x-1y+1})$$
$$|M_2\rangle = \mathrm{qADD}(|M_1\rangle, |M_1\rangle), |M_3\rangle = \mathrm{qADD}(|M_2\rangle, |M_2\rangle)$$
$$|M_4\rangle = \mathrm{qADD}(|M_3\rangle, |M_1\rangle)$$
$$|N_0\rangle = \mathrm{qADD}(I_{xy-1}, I_{xy+1}), |N_1\rangle = \mathrm{qADD}(I_{x+1y-1}, I_{x+1y})$$
$$|N_2\rangle = \mathrm{qADD}(I_{x+1y+1}, |N_0\rangle), |N_3\rangle = \mathrm{qADD}(|N_1\rangle, |N_2\rangle)$$
$$|N_4\rangle = \mathrm{qADD}(|N_3\rangle, |N_3\rangle), |N_5\rangle = \mathrm{qADD}(|N_4\rangle, |N_3\rangle)$$
$$|K_0\rangle = \mathrm{qSUB}(|M_4\rangle, |N_5\rangle) \qquad (7.20)$$

梯度计算后得到的图像为

$$|I_K\rangle = \frac{1}{2^n} \sum_{YX=0}^{2^n-1} |f_{k\max}(Y,X)\rangle |YX\rangle \qquad (7.21)$$

（3）设置阈值为 T，通过阈值操作 U_T 对处理后的图像梯度值进行分类，表示为

$$U_T\left(\sum_{YX=0}^{2^n-1} I_{xy} |YX\rangle |0\rangle\right) = \sum_{I_{xy} \geq T} I_{xy} |1\rangle + \sum_{I_{xy} < T} I_{xy} |0\rangle \qquad (7.22)$$

输出的量子态为

$$|T\rangle \frac{1}{2^n} \sum_{i=0}^{2^n-1} |T_{YX}\rangle |YX\rangle, T_{YX} \in \{0,1\} \qquad (7.23)$$

当 $T_{YX} = 1$ 时，当前像素是待提取的边缘点；否则，放弃当前辅助量子，重新选取像素进行计算提取边缘点。通过不断重复以上步骤，我们就可以准确提取量子图像的边缘。

7.2.2 算法复杂度和仿真结果分析

本节对算法复杂度进行了分析，并进行仿真实验，对不同算法的图像边缘检测

结果进行了对比。

在量子图像处理中，基础量子门的多少决定了图片复杂度的大小，基础量子门一般由受控非门和非门组成。例如，对大小为 $2^n \times 2^n$ 的图像进行量子图像处理时，一个受控非门和 $2(n-1)$ 个 Toffoli 门的复杂度与一个 n bit 的受控非门相同[11]，所以 Toffoli 门可以用 6 个受控非门代替。整个算法由三部分组成：第一部分是量子图像表示；第二部分是基于量子 Kirsch 算子的梯度计算；第三部分是边缘检测。

（1）量子图像表示的复杂度。算法初始化阶段，通过量子线路构造 NEQR 模型，部分操作会对像素进行逐个处理，其计算复杂度最大为 $O(qn2^{2n})$ [12]。

（2）基于量子 Kirsch 算子的梯度计算的复杂度。梯度计算由两个步骤组成：第一步为计算邻域像素值，通过将像素值进行 10 次循环移位操作，得到量子 Kirsch 算子邻域的像素值，单次移位操作的复杂度为 $O(n^2)$ [13]；第二步为计算图像梯度值，通过量子 Kirsch 算子模板得到图像梯度值，量子线路包括 8 个加法器模块和一个减法器模块，复杂度为 $O(8q-4)$ 和 $O(3q^2)$。梯度计算的复杂度为 $O(2^{q+3}-2)$ [3]。

（3）边缘检测的复杂度。本节算法中检测结果存储于量子比特中，阈值操作 U_T 的复杂度不超过 $O((q+3)^2)$。

根据上述分析可知，利用本节算法对大小为 $2^n \times 2^n$ 的图像进行图像边缘检测的复杂度为

$$
\begin{aligned}
&O(qn2^{2n}+10n^2+(8q-4)+3q^2+2^{q+3}-2+(q+3)^2) = \\
&O(qn2^{2n}+10n^2+4q^2+14q+2^{q+3}+3) = \\
&O(qn2^{2n}+2^{q+3}+n^2)
\end{aligned}
\tag{7.24}
$$

由式（7.24）可以看出，与经典图像边缘检测算法相比，本节算法的边缘检测速度有指数级提升。对于一个大小为 $2^n \times 2^n$ 图像，不同图像边缘检测算法的复杂度比较如表 7-1 所示。

表 7-1　不同图像边缘检测算法的复杂度比较

算法	量子图像表示模型	量子图像表示的复杂度	边缘检测的复杂度
Prewitt 算子图像边缘检测算法	—	—	$O(2^{2n})$
Sobel 算子图像边缘检测算法	—	—	$O(2^{2n})$
文献[2]算法	FRQI	$O(2^{4n})$	$O(n^2)$
文献[3]算法	NEQR	$O(qn2^{2n})$	$O(n^2+2^{q+4})$
本节算法	NEQR	$O(qn2^{2n})$	$O(n^2+2^{q+3})$

下面通过仿真实验对比本节所提基于 Kirsch 算子的量子图像边缘检测算法与经典图像边缘检测算法，检测结果如图 7-7 所示。从图 7-7 可以看出，与经典算法相比，本节算法的图像边缘检测效果更好。

|（a）原始图像|（b）本节算法|（c）Prewitt算子图像边缘检测算法|（d）Sobel算子图像边缘检测算法|

图 7-7　图像边缘检测算法的检测结果

本节选取了 100 幅图像进行边缘检测，并对检测结果进行对比，如表 7-2 所示。图像边缘检测效果评价指标采用均方误差（MSE）和峰值信噪比（PSNR），计算式分别为

$$\text{MSE} = \sum_{j=0}^{m-1}\sum_{i=0}^{n-1}\frac{(I(i,j)-G(i,j))^2}{mn} \tag{7.25}$$

$$\text{PSNR} = 10\lg\frac{\text{MAX}_I^2}{\text{MSE}} = 20\lg\frac{\text{MAX}_I}{\sqrt{\text{MSE}}} \tag{7.26}$$

其中，I 为原始图像的第 n 个像素的值，G 为处理后图像的第 n 个像素的值。

表 7-2　不同算法的均方误差和峰值信噪比

算法	MSE/dB	PSNR/dB
Sobel 算子图像边缘检测算法	3.985 4	39.425 2
Prewitt 算子图像边缘检测算法	3.785 4	40.328 2
本节算法	3.685 4	41.531 2

从表 7-2 可知，本节所提基于 Kirsch 算子的量子图像边缘检测算法的 PSNR 可以达到 41.531 2 dB，与两种经典图像边缘检测算法相比，检测效果更好。

7.3 基于改进 Sobel 算子的量子图像边缘检测算法

目前，实际应用中需要处理的图像数量急剧增加，传统计算机的计算能力已不能满足需求。利用量子力学特性处理量子信息，例如，纠缠和叠加等，可以有效地加快许多经典问题的处理速度。在经典图像处理中，为了保留重要属性并滤除图像边缘特征，通常采用边缘检测算法。为了解决经典图像边缘检测方法检测效果不理想的问题，提高经典图像边缘检测的计算速度，本节提出了一种量子图像边缘检测算法[14]。

本节提出的量子图像边缘检测算法采用改进的 Sobel 算子，利用 NEQR 模型表示量子图像，将图像中的所有像素以叠加态存储，实现了并行计算。采用改进的八方向 Sobel 算子[15]计算灰度梯度，设计量子线路通过 Qiskit 实现了量子图像边缘检测，算法流程如图 7-8 所示。

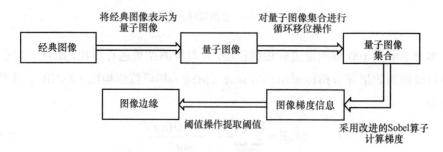

图 7-8　基于改进 Sobel 算子的量子图像边缘检测流程

7.3.1 量子线路设计

根据量子图像处理的基本知识，首先，设计量子线路将经典图像用 NEQR 模型表示为量子图像；然后，设计线路实现改进的八方向 Sobel 算子；最后，使用改进的 Sobel 算子实现对量子图像的边缘检测操作。量子线路采用量子加法器 ADD、量子减法器 SUB、倍值操作 DO、循环移位操作 $C_{x\pm}$ 和 $C_{y\pm}$、阈值运算 U_T，通过它们的组合实现改进的 Sobel 算子量子图像边缘检测算法。

（1）量子加法器

为了计算图像的梯度，我们需要通过加法和减法处理像素。n bit 量子加法器

主要由 n 个半加器组成。本节设计的半加法器由两个 CNOT 门和一个 Toffoli 门组成，输入量子比特为 $|A\rangle$ 和 $|B\rangle$，辅助量子比特为 $|0\rangle$，加法的结果存储在量子比特 $|SUM\rangle$ 和进位量子比特 $|C\rangle$ 中，量子线路如图 7-9 所示。

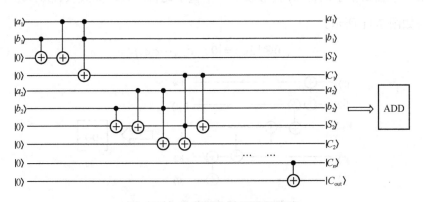

图 7-9　n bit 量子加法器量子线路

通过量子加法器，我们可以将多个像素相加来计算图像的梯度值，并使用量子加法运算求出像素值 I_A 和 I_B 的和，得到的结果 I_C 为

$$|I_C\rangle = \frac{1}{2^n} \sum_{YX=0}^{2^{2n}-1} |C_{YX}\rangle |YX\rangle = \frac{1}{2^n} \sum_{YX=0}^{2^{2n}-1} |A_{YX} + B_{YX}\rangle |YX\rangle \tag{7.27}$$

（2）量子减法器

量子减法的过程主要是通过量子加法器来完成的，类似于经典的减法运算，负数需要通过取补码实现。量子线路如图 7-10 所示。像素减法的结果 I_C 为

$$|I_C\rangle = \frac{1}{2^n} \sum_{YX=0}^{2^{2n}-1} |C'_{YX}\rangle |YX\rangle = \frac{1}{2^n} \sum_{YX=0}^{2^{2n}-1} |A_{YX} + B'_{YX}\rangle |YX\rangle \tag{7.28}$$

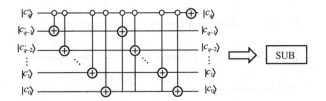

图 7-10　n bit 量子减法器量子线路

（3）倍值操作

当计算图像的梯度时，我们还需要对像素进行倍值操作。将 $|C\rangle = |c_{q-1}c_{q-2}\cdots c_1 c_0\rangle$

往左移动 2 bit 得到

$$|2C\rangle = |c_{q-1}c_{q-2}\cdots c_1 c_0 0\rangle \tag{7.29}$$

再加上一个辅助量子比特 $|0\rangle$ 就形成了一个量子比特序列,如式(7.30)所示。量子线路如图 7-11 所示。

$$|0\rangle \otimes |2C\rangle = |0c_{q-1}c_{q-2}\cdots c_1 c_0\rangle \tag{7.30}$$

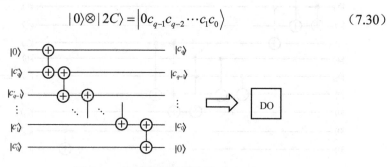

图 7-11　倍值操作量子线路

（4）循环移位操作

为了计算灰度梯度,需要获取像素的 24 个相邻像素的灰度值,这些相邻像素的位置需要使用移位变换来获得[16]。在进行移位变换前,根据卷积算子[17]制备 k 个相同的 NEQR 图像,取 k 个量子图像作为量子像集,分别进行循环移位运算。首先,我们需要考虑复制操作的量子线路,其功能是复制 n 个量子比特的量子态,并制备初始 NEQR 图像集。复制操作量子线路如图 7-12 所示。

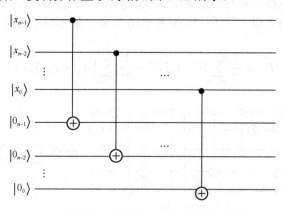

图 7-12　复制操作量子线路

然后,对用 NEQR 模型表示的大小为 $2^n \times 2^n$ 的量子图像进行循环移位操作,量子线路如图 7-13 所示。x 方向和 y 方向的循环移位操作分别表示为

$$C_{x\pm}\left|I\right\rangle = \frac{1}{2^n}\sum_{Y=0}^{2^n-1}\sum_{X=0}^{2^n-1}\left|C_{YX}\right\rangle\left|Y\right\rangle\left|(X\pm 1)\bmod 2^n\right\rangle$$

$$C_{y\pm}\left|I\right\rangle = \frac{1}{2^n}\sum_{Y=0}^{2^n-1}\sum_{X=0}^{2^n-1}\left|C_{YX}\right\rangle\left|(Y\pm 1)\bmod 2^n\right\rangle\left|X\right\rangle \qquad (7.31)$$

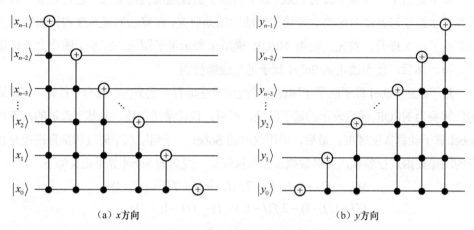

(a) x方向   (b) y方向

图 7-13　循环移位操作量子线路

（5）阈值运算

为了对存储像素梯度值的量子比特序列进行分类，我们设置了量子阈值运算 U_T，这需要一个辅助量子比特。通过量子阈值运算 U_T，我们将小于阈值的量子比特序列划分为一类，大于阈值的量子比特序列划分为另一类作为图像边缘，计算式如式（7.32）所示，量子线路如图 7-14 所示。

$$\left|T\right\rangle = \left|C_{q+2}C_{q+1}\cdots C_1 C_0\right\rangle\left|0\right\rangle \qquad (7.32)$$

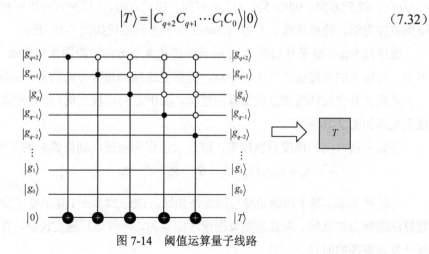

图 7-14　阈值运算量子线路

7.3.2 算法流程

本节提出了一种基于改进 Sobel 算子的量子图像边缘检测算法,通过对量子边缘检测算法的学习并结合经典边缘检测算法的辅助研究,在算法的复杂度和检测精度方面都有了较大提升。首先,使用 NEQR 模型来表示量子图像,在量子图像上处理量子比特。然后,使用改进的 Sobel 算子进行边缘检测。

基于改进 Sobel 算子的量子图像边缘检测算法流程主要分为三部分。首先,将原始图像转换为 NEQR 模型表示的量子图像。然后,设计量子线路,并基于改进的八方向 Sobel 算子计算灰度梯度。最后,采用改进的 Sobel 算子利用水平模板和垂直模板与相应的图像数据进行卷积,并对数据进行加权计算。经典的 Sobel 算子定义如下

$$\Delta G_i = f(i-1, j+1) + 2f(i, j+1) + f(i+1, j+1) - \\ f(i-1, j-1) - 2f(i-1, j-1) - f(i-1, j-1) \tag{7.33}$$

$$\Delta G_j = f(i-1, j-1) + 2f(i-1, j) + f(i-1, j+1) - \\ f(i+1, j-1) - 2f(i+1, j-1) - f(i+1, j+1) \tag{7.34}$$

$$G[f(i, j)] = |\Delta G_i| + |\Delta G_j| \tag{7.35}$$

经典的 Sobel 算子使用 3×3 的模板在水平和垂直方向上与相应的图像数据进行卷积,从而实现边缘检测。本节在经典 Sobel 算子的基础上,扩展为八方向 Sobel 算子边缘检测算法[4]。使用 5×5 的卷积模板从 8 个方向,即 0°方向、22.5°方向、45°方向、67.5°方向、90°方向、112.5°方向、135°方向、157.5°方向进行检测,检测结果更加完整,轮廓清晰。八方向 Sobel 算子卷积模板如图 7-15 所示。

改进的 Sobel 算子使用图 7-15 所示模板从 8 个方向检测图像的边缘。在检测过程中,对像素的灰度值进行加权平均,提供更连续的边缘方向信息。Sobel 算子通过计算图像灰度的梯度来逼近图像的边缘。以 0°方向模板为例,0°方向模板和相邻像素矩阵如图 7-16 所示。

计算不同方向的梯度乘以权重,取最大值作为输出,则像素 P 的灰度值为

$$S_i = \max\{S_0 \quad S_1 \quad S_2 \quad S_3 \quad S_4 \quad S_5 \quad S_6 \quad S_7\} \tag{7.36}$$

与经典 Sobel 算子图像边缘检测算法相比,改进的 Sobel 算子量子图像边缘检测算法能够更加准确、细致地完成图像边缘检测,同时运算速度较快,克服了经典算法复杂度高的问题。

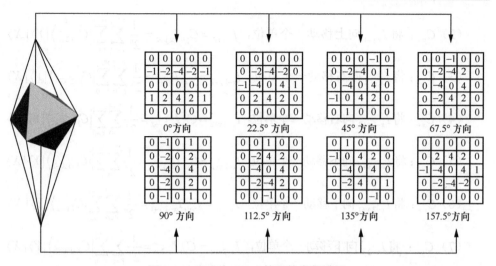

图 7-15　八方向 Sobel 算子的卷积模板

0	0	0	0	0
−1	−2	−4	−2	−1
0	0	0	0	0
1	2	4	2	1
0	0	0	0	0

（a）0°方向模板

$P(Y-2, X-2)$	$P(Y-2, X-1)$	$P(Y-2, X)$	$P(Y-2, X+1)$	$P(Y-2, X+2)$
$P(Y-1, X-2)$	$P(Y-1, X-1)$	$P(Y-1, X)$	$P(Y-1, X+1)$	$P(Y-1, X+2)$
$P(Y, X-2)$	$P(Y, X-1)$	$P(Y, X)$	$P(Y, X+1)$	$P(Y, X+2)$
$P(Y+1, X-2)$	$P(Y+1, X-1)$	$P(Y+1, X)$	$P(Y+1, X+1)$	$P(Y+1, X+2)$
$P(Y+2, X-2)$	$P(Y+2, X-1)$	$P(Y+2, X)$	$P(Y+2, X+1)$	$P(Y+2, X+2)$

（b）相邻像素矩阵

图 7-16　0°方向模板和相邻像素矩阵

7.3.3　算法实现

以 0°方向模板为例，采用改进的 Sobel 算子计算量子图像灰度梯度的过程如算法 7.2 所示，量子线路如图 7-17 所示。

算法 7.2　量子图像像素梯度计算算法

初始化　制备包含 $k(k=25)$ 个灰度值相同的 NEQR 原始图像的图像集。

输入　原始图像 I_{xy}，其中 $|I\rangle = \dfrac{1}{2^n}\displaystyle\sum_{Y=0}^{2^n-1}\sum_{X=0}^{2^n-1}|C_{YX}\rangle|Y\rangle|X\rangle$

（1）C_{y-}：将 I_{xy} 向上移动一个单位，$I_{x\,y+1}=C_{y-}I_{xy}=\dfrac{1}{2^n}\displaystyle\sum_{Y=0}^{2^n-1}\sum_{X=0}^{2^n-1}\left|C_{Y+1\,X}\right\rangle|Y\rangle|X\rangle$

（2）C_{y-}：将 $I_{x\,y+1}$ 向上移动一个单位，$I_{x\,y+2}=C_{y-}I_{x\,y+1}=\dfrac{1}{2^n}\sum\limits_{Y=0}^{2^n-1}\sum\limits_{X=0}^{2^n-1}\left|C_{Y+2\,X}\right\rangle|Y\rangle|X\rangle$

（3）C_{x+}：将 $I_{x\,y+2}$ 向右移动一个单位，$I_{x-1\,y+2}=C_{x+}I_{x\,y+1}=\dfrac{1}{2^n}\sum\limits_{Y=0}^{2^n-1}\sum\limits_{X=0}^{2^n-1}\left|C_{Y+2\,X-1}\right\rangle|Y\rangle|X\rangle$

（4）C_{x+}：将 $I_{x-1\,y+2}$ 向右移动一个单位，$I_{x-2\,y+2}=C_{x+}I_{x-1\,y+2}=\dfrac{1}{2^n}\sum\limits_{Y=0}^{2^n-1}\sum\limits_{X=0}^{2^n-1}\left|C_{Y+2\,X-2}\right\rangle|Y\rangle|X\rangle$

（5）C_{y+}：将 $I_{x-2\,y+2}$ 向下移动一个单位，$I_{x-2\,y+1}=C_{y+}I_{x-2\,y+2}=\dfrac{1}{2^n}\sum\limits_{Y=0}^{2^n-1}\sum\limits_{X=0}^{2^n-1}\left|C_{Y+1\,X-2}\right\rangle|Y\rangle|X\rangle$

（6）C_{y+}：将 $I_{x-2\,y+1}$ 向下移动一个单位，$I_{x-2\,y}=C_{y+}I_{x-2\,y+1}=\dfrac{1}{2^n}\sum\limits_{Y=0}^{2^n-1}\sum\limits_{X=0}^{2^n-1}\left|C_{YX-2}\right\rangle|Y\rangle|X\rangle$

（7）C_{y+}：将 $I_{x-2\,y}$ 向下移动一个单位，$I_{x-2\,y-1}=C_{y+}I_{x-2\,y}=\dfrac{1}{2^n}\sum\limits_{Y=0}^{2^n-1}\sum\limits_{X=0}^{2^n-1}\left|C_{Y-1\,X-2}\right\rangle|Y\rangle|X\rangle$

（8）C_{y+}：将 $I_{x-2\,y-1}$ 向下移动一个单位，$I_{x-2\,y-2}=C_{y+}I_{x-2\,y-1}=\dfrac{1}{2^n}\sum\limits_{Y=0}^{2^n-1}\sum\limits_{X=0}^{2^n-1}\left|C_{Y-2\,X-2}\right\rangle|Y\rangle|X\rangle$

（9）C_{x-}：将 $I_{x-2\,y-2}$ 向左移动一个单位，$I_{x-1\,y-1}=C_{x-}I_{x-2\,y+2}=\dfrac{1}{2^n}\sum\limits_{Y=0}^{2^n-1}\sum\limits_{X=0}^{2^n-1}\left|C_{Y-2\,X-1}\right\rangle|Y\rangle|X\rangle$

（10）C_{x-}：将 $I_{x-1\,y-2}$ 向左移动一个单位，$I_{x\,y-2}=C_{x-}I_{x-1\,y-2}=\dfrac{1}{2^n}\sum\limits_{Y=0}^{2^n-1}\sum\limits_{X=0}^{2^n-1}\left|C_{Y-2\,X}\right\rangle|Y\rangle|X\rangle$

（11）C_{x-}：将 $I_{x\,y-2}$ 向左移动一个单位，$I_{x+1\,y-2}=C_{x-}I_{x\,y-2}=\dfrac{1}{2^n}\sum\limits_{Y=0}^{2^n-1}\sum\limits_{X=0}^{2^n-1}\left|C_{Y-2\,X+1}\right\rangle|Y\rangle|X\rangle$

（12）C_{x-}：将 $I_{x+1\,y-2}$ 向左移动一个单位，$I_{x+2\,y-2}=C_{x-}I_{x-1\,y-2}=\dfrac{1}{2^n}\sum\limits_{Y=0}^{2^n-1}\sum\limits_{X=0}^{2^n-1}\left|C_{Y-2\,X+2}\right\rangle$
$|Y\rangle|X\rangle$

（13）C_{y-}：将 $I_{x+2\,y-2}$ 向上移动一个单位，$I_{x+2\,y-1}=C_{y-}I_{x+2\,y-2}=\dfrac{1}{2^n}\sum\limits_{Y=0}^{2^n-1}\sum\limits_{X=0}^{2^n-1}\left|C_{Y-1\,X+2}\right\rangle$
$|Y\rangle|X\rangle$

（14）C_{y-}：将 $I_{x+2\,y-1}$ 向上移动一个单位，$I_{x+2\,y}=C_{y-}I_{x+2\,y-1}=\dfrac{1}{2^n}\sum\limits_{Y=0}^{2^n-1}\sum\limits_{X=0}^{2^n-1}\left|C_{Y\,X+2}\right\rangle|Y\rangle|X\rangle$

（15）C_{y-}：将 $I_{x+2\,y}$ 向上移动一个单位，$I_{x+2\,y+1}=C_{y-}I_{x+2\,y}=\dfrac{1}{2^n}\sum\limits_{Y=0}^{2^n-1}\sum\limits_{X=0}^{2^n-1}\left|C_{Y+1\,X+2}\right\rangle|Y\rangle|X\rangle$

（16）C_{y-}：将 $I_{x+2\,y+1}$ 向上移动一个单位，$I_{x+2\,y+2}=C_{y-}I_{x+2\,y+1}=\dfrac{1}{2^n}\sum\limits_{Y=0}^{2^n-1}\sum\limits_{X=0}^{2^n-1}\left|C_{Y+2\,X+2}\right\rangle$
$|Y\rangle|X\rangle$

（17）C_{x+}：将 $I_{x+2\,y+2}$ 向右移动一个单位，$I_{x+1\,y+2}=C_{x+}I_{xy}=\dfrac{1}{2^{n}}\displaystyle\sum_{Y=0}^{2^{n}-1}\sum_{X=0}^{2^{n}-1}\left|C_{Y+2\,X+1}\right\rangle|Y\rangle|X\rangle$

（18）C_{y+}：将 $I_{x+1\,y+2}$ 向下移动一个单位，$I_{x+1\,y+1}=C_{y+}I_{x+1\,y+2}=\dfrac{1}{2^{n}}\displaystyle\sum_{Y=0}^{2^{n}-1}\sum_{X=0}^{2^{n}-1}\left|C_{Y+1\,X+1}\right\rangle$
$|Y\rangle|X\rangle$

（19）C_{y+}：将 $I_{x+1\,y+1}$ 向下移动一个单位，$I_{x+1\,y}=C_{y+}I_{x+1\,y+1}=\dfrac{1}{2^{n}}\displaystyle\sum_{Y=0}^{2^{n}-1}\sum_{X=0}^{2^{n}-1}\left|C_{Y\,X+1}\right\rangle|Y\rangle|X\rangle$

（20）C_{y+}：将 $I_{x+1\,y}$ 向下移动一个单位，$I_{x+1\,y-1}=C_{y+}I_{x+1\,y}=\dfrac{1}{2^{n}}\displaystyle\sum_{Y=0}^{2^{n}-1}\sum_{X=0}^{2^{n}-1}\left|C_{Y-1\,X+1}\right\rangle|Y\rangle|X\rangle$

（21）C_{x+}：将 $I_{x+1\,y-1}$ 向右移动一个单位，$I_{x\,y-1}=C_{x+}I_{x+1\,y-1}=\dfrac{1}{2^{n}}\displaystyle\sum_{Y=0}^{2^{n}-1}\sum_{X=0}^{2^{n}-1}\left|C_{Y-1\,X}\right\rangle|Y\rangle|X\rangle$

（22）C_{x+}：将 $I_{x\,y-1}$ 向右移动一个单位，$I_{x-1\,y-1}=C_{x+}I_{x\,y-1}=\dfrac{1}{2^{n}}\displaystyle\sum_{Y=0}^{2^{n}-1}\sum_{X=0}^{2^{n}-1}\left|C_{Y-1\,X-1}\right\rangle|Y\rangle|X\rangle$

（23）C_{y-}：将 $I_{x-1\,y-1}$ 向上移动一个单位，$I_{x-1\,y}=C_{y-}I_{x-1\,y-1}=\dfrac{1}{2^{n}}\displaystyle\sum_{Y=0}^{2^{n}-1}\sum_{X=0}^{2^{n}-1}\left|C_{Y\,X-1}\right\rangle|Y\rangle|X\rangle$

（24）C_{y-}：将 $I_{x-1\,y}$ 向上移动一个单位，$I_{x-1\,y+1}=C_{y-}I_{x-1\,y}=\dfrac{1}{2^{n}}\displaystyle\sum_{Y=0}^{2^{n}-1}\sum_{X=0}^{2^{n}-1}\left|C_{Y+1\,X-1}\right\rangle|Y\rangle|X\rangle$

（25）$C_{x-}S_{y+}$：移动 $I_{x-1\,y+1}$ 回到 $I_{xy}=C_{x-}C_{y+}I_{x-1\,y+1}=\dfrac{1}{2^{n}}\displaystyle\sum_{Y=0}^{2^{n}-1}\sum_{X=0}^{2^{n}-1}\left|C_{YX}\right\rangle|Y\rangle|X\rangle$

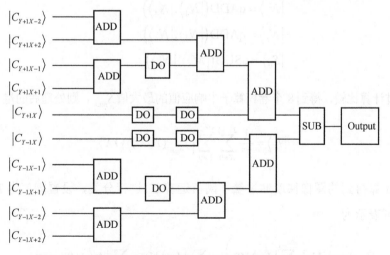

图 7-17　采用改进 Sobel 算子计算 0°方向灰度梯度的量子线路

本节算法采用改进 Sobel 算子计算像素梯度。根据 8 个不同方向的卷积模板，对像素的 24 个相邻像素进行移位遍历。以 0°方向为例，使用改进 Sobel 算子计算像素梯度的过程和结果如下。

$$|M_0\rangle = \mathrm{qADD}\left(\left|C_{x-2y+1}\right\rangle, \left|C_{x+2y+1}\right\rangle\right)$$

$$|M_1\rangle = \mathrm{qADD}\left(\left|C_{x-1y+1}\right\rangle, \left|C_{x+1y+1}\right\rangle\right)$$

$$|M_2\rangle = \mathrm{qADD}\left(\left|M_1\right\rangle, \left|M_1\right\rangle\right)$$

$$|M_3\rangle = \mathrm{qADD}\left(\left|M_0\right\rangle, \left|M_2\right\rangle\right)$$

$$|M_4\rangle = \mathrm{qADD}\left(\left|C_{xy+1}\right\rangle, \left|C_{xy+1}\right\rangle\right)$$

$$|M_5\rangle = \mathrm{qADD}\left(\left|M_4\right\rangle, \left|M_4\right\rangle\right)$$

$$|M_6\rangle = \mathrm{qADD}\left(\left|M_3\right\rangle, \left|M_5\right\rangle\right) \tag{7.37}$$

$$|N_0\rangle = \mathrm{qADD}\left(\left|C_{x-2y-1}\right\rangle, \left|C_{x+2y-1}\right\rangle\right)$$

$$|N_1\rangle = \mathrm{qADD}\left(\left|C_{x-1y-1}\right\rangle, \left|C_{x+1y-1}\right\rangle\right)$$

$$|N_2\rangle = \mathrm{qADD}\left(\left|N_1\right\rangle, \left|N_1\right\rangle\right)$$

$$|N_3\rangle = \mathrm{qADD}\left(\left|N_0\right\rangle, \left|N_2\right\rangle\right)$$

$$|N_4\rangle = \mathrm{qADD}\left(\left|C_{xy-1}\right\rangle, \left|C_{xy-1}\right\rangle\right)$$

$$|N_5\rangle = \mathrm{qADD}\left(\left|N_4\right\rangle, \left|N_4\right\rangle\right)$$

$$|N_6\rangle = \mathrm{qADD}\left(\left|N_3\right\rangle, \left|N_5\right\rangle\right)$$

$$|S_0\rangle = \mathrm{qSUB}\left(\left|M_6\right\rangle, \left|N_6\right\rangle\right) \tag{7.38}$$

通过计算比较，得到 8 个卷积算子中响应值的最大值 $S_{\max}$，则处理后的量子图像为

$$|I_{\hat{s}}\rangle = \frac{1}{2^n}\sum_{X=0}^{2^{2n}-1}\sum_{Y=0}^{2^{2n}-1}\left|f_{S_{\max}}(Y,X)\right\rangle|YX\rangle \tag{7.39}$$

将计算得到的图像梯度通过量子阈值运算 U_T 进行分类，设置阈值为 T，则分类过程可表示为

$$U_T\left(\sum_{YX=0}^{2^{2n}-1}|I_{YX}\rangle|0\rangle\right) = \sum_{I_{YX}\geq T}|I_{YX}\rangle|1\rangle + \sum_{I_{iX}<T}|I_{iYX}\rangle|0\rangle \tag{7.40}$$

最后，得到输出为

$$|T\rangle = \frac{1}{2^n} \sum_{i=0}^{2^{2n}-1} |T_{YX}\rangle |YX\rangle, T_{YX} \in \{0,1\} \qquad (7.41)$$

经过阈值函数分类，当 $T_{YX}=1$ 时，像素 T_{YX} 为图像边缘点。最后，将所有符合条件的像素组成一个集合，得到完整的图像边缘。

7.3.4　仿真结果与分析

本节在 Qiskit 中模拟了基于改进 Sobel 算子的量子图像边缘检测算法的量子线路，并进行仿真实验，结果如图 7-18 所示。本节算法属于经典启发的量子图像处理算法。经典启发的量子图像处理技术是基于量子计算硬件即将物理实现的预期，因此研究重点是将经典图像处理任务和应用扩展到未来量子计算机框架中。本节算法在 Sobel 算子图像边缘检测算法的基础上进行改进，将传统的二方向 Sobel 算子改进为八方向 Sobel 算子。从仿真实验结果可以发现，本节算法的检测结果更准确和细致，特别是在图像边缘较复杂的情况下，能够准确地捕捉图像边缘细节。

　（a）原始图像　　　　（b）本节算法　　　（c）Sobel算子图像　　（d）Prewitt算子图像
　　　　　　　　　　　　　　　　　　　　　　　边缘检测算法　　　　边缘检测算法

图 7-18　仿真实验结果

本节对比了基于改进 Sobel 算子的量子图像边缘检测算法与经典图像边缘检测算法的 PSNR，结果如表 7-3 所示。

表 7-3 不同算法 PSNR 对比

算法	PSNR/dB
Sobel 算子图像边缘检测算法	40.043 5
Prewitt 算子图像边缘检测算法	41.230 1
本节算法	41.624 1

量子图像处理算法的计算复杂度取决于量子线路中使用的量子门的数量。本节以大小为 $2^n \times 2^n$ 的图像为例，分析了基于改进 Sobel 算子的量子图像边缘检测算法的复杂度。量子图像边缘检测的复杂度主要是由 4 部分组成，分别如下。

（1）制备量子图像的复杂度。使用 NEQR 模型将经典图像表示为量子图像。NEQR 模型表示量子图像的复杂度不超过 $O(qn2^{2n})$ [12]。

（2）获取邻域像素的复杂度。本节算法使用 25 次循环移位操作来获取相邻像素值，每次移位操作的复杂度为 $O(n^2)$。

（3）图像梯度计算的复杂度。本节算法根据改进的八方向 Sobel 算子构建量子线路来计算图像梯度。量子线路中使用了量子加法和量子减法，复杂度分别为 $O(8q-4)$ 和 $O(3q^2)$。量子黑匣的复杂度为 $O(2^{q+3}-2)$。

（4）阈值函数的复杂度。阈值函数 U_T 的复杂度不超过 $O((q+3)^2)$。

根据上述分析可知，使用本节算法对大小为 $2^n \times 2^n$ 的图像进行边缘检测的复杂度为

$$
\begin{aligned}
&O(qn2^{2n} + 25n^2 + 14(8q-4) + 3q^2 + 2^{q+3} - 2 + (q+3)^2) = \\
&O(qn2^{2n} + 25n^2 + 2^{q+3} + 4q^2 + 118q - 49) = \\
&O\left(qn2^{2n} + 2^{q+3} + n^2\right)
\end{aligned}
\tag{7.42}
$$

用 NEQR 模型制备量子图像的复杂度较高，但并未作为量子图像边缘检测算法的一部分。因此，基于改进 Sobel 算子的量子图像边缘检测算法进行边缘检测的复杂度为 $O(n^2 + 2^{q+3})$。

本节算法与不同图像边缘检测算法的复杂度对比如表 7-4 所示。从表 7-4 可以看出，与经典图像边缘检测算法和现有的一些量子图像边缘检测算法相比，本节算法可以实现指数级的速度提升。

表 7-4　本节算法与不同图像边缘检测算法的复杂度对比

算法	量子图像表示模型	量子图像表示的复杂度	边缘检测的复杂度
Prewitt 算子图像边缘检测算法	—	—	$O(2^{2n})$
Sobel 算子图像边缘检测算法	—	—	$O(2^{2n})$
文献[18]算法	Qubit Lattice	$O(2^{2n})$	$O(2^{2n})$
文献[2]算法	FRQI	$O(2^{4n})$	$O(n^2)$
文献[3]算法	NEQR	$O(qn2^{2n})$	$O(n^2 + 2^{q+4})$
文献[10]算法	NEQR	$O(qn2^{2n})$	$O(n^2 + 2^{q+3})$
本节算法	NEQR	$O(qn2^{2n})$	$O(n^2 + 2^{q+3})$

7.4　本章小结

　　本章介绍了基于 Sobel 算子、Prewitt 算子、Canny 算子、Kirsch 算子的图像边缘检测算法，重点介绍了基于 Kirsch 算子和改进 Sobel 算子的量子图像边缘检测算法。在图像边缘检测中，不同的算子可以针对各类图像发挥其特有优势。现阶段，对于量子图像的边缘检测技术仍有许多缺陷，存在很大的研究空间。由于量子态所具有的叠加和纠缠性质，量子计算机比经典计算机具有更强的存储和计算能力，可以在各种图像处理算法上发挥更大的优势。在量子图像的低层特征提取中，针对颜色、纹理和形状这三大特征，首先解决其量子表示（即图像存储）问题，然后给出量子特征提取算法，最后进行理论分析。图像存储时，将特征作为矩阵，矩阵中每个元素具有坐标和值两个属性，特征存储于坐标和值的纠缠态中。提取特征时，抛开经典算法的束缚，根据量子实现原理将算法分为 7 个模块，先给出 7 个模块的量子算法，然后以此为基础设计各种特征提取的量子算法。而如何提高已有算子的边缘检测效果和如何优化算子是量子图像特征提取后续的研究课题。

参考文献

[1]　FU X, DING M, SUN Y, et al. A new quantum edge detection algorithm for medical imag-

es[C]//Proceedings of International Symposium on Multispectral Image Processing and Pattern Recognition. Bellingham: SPIE Press, 2009: 749724.

[2] ZHANG Y, LU K, GAO Y H. QSobel: a novel quantum image edge extraction algorithm[J].Science China Information Sciences, 2015, 58(1): 1-13.

[3] FAN P, ZHOU R G, HU W W, et al. Quantum image edge extraction based on classical Sobel operator for NEQR[J].Quantum Information Processing, 2018, 18(1): 1-23.

[4] SHRIVAKSHAN G T, CHANDRASEKAR C. A comparison of various edge detection techniques used in image processing[J]. International Journal of Computer Science Issues (IJCSI), 2012, 9(5): 269-276.

[5] SOBEL I. Camera models and machine perception[D]. California: Stanford University, 1970.

[6] PREWITT J M. Object enhancement and extraction[J]. Picture Processing and Psychopictorics, 1970, 10(1): 15-19.

[7] CANNY J. A computational approach to edge detection[J]. IEEE Transactions on Pattern Analysis and Machine Intelligence, 1986, 8(6): 679-698.

[8] OWENS R, VENKATESH S, ROSS J. Edge detection is a projection[J]. Pattern Recognition Letters, 1989, 9(4): 233-244.

[9] KIRSCH R A. Computer determination of the constituent structure of biological images[J]. Computers and Biomedical Research, 1971, 4(3): 315-328.

[10] XU P G, HE Z X, QIU T H, et al. Quantum image processing algorithm using edge extraction based on Kirsch operator[J]. Optics Express, 2020, 28(9): 12508.

[11] BARENCO A, BENNETT C H, CLEVE R, et al. Elementary gates for quantum computation[J]. Physical Review A, 1995, 52(5): 3457-3467.

[12] ZHANG Y, LU K, GAO Y H, et al. NEQR: a novel enhanced quantum representation of digital images[J].Quantum Information Processing, 2013, 12(8): 2833-2860.

[13] LE P Q, ILIYASU A M, DONG F Y, et al. Strategies for designing geometric transformations on quantum images[J]. Theoretical Computer Science, 2011, 412(15): 1406-1418.

[14] MA Y L, MA H Y, CHU P C. Demonstration of quantum image edge extration enhancement through improved Sobel operator[J]. IEEE Access, 2020, 8: 210277-210285.

[15] YING J Z, YOU H Z, ZHI W W. Edge detection algorithm based on eight-direction

Sobel operator[J]. Computer Science, 2013, 40(Z11): 345-356.

[16] LE P Q, ILIYASU A M, DONG F, et al. Fast geometric transformations on quantum images[J]. IAENG International Journal of Applied Mathematics, 2010, 40(3): 1-11.

[17] MASTRIANI M. Quantum image processing: the pros and cons of the techniques for the internal representation of the image. A reply to: a comment on "Quantum image processing?"[J].Quantum Information Processing, 2020, 19(5): 1-17.

[18] FU X W, DING M Y, SUN Y G, et al. A new quantum edge detection algorithm for medical images[C]//Proceedings of Medical Imaging, Parallel Processing of Images, and Optimization Techniques. Bellingham: SPIE Press 2009, 7497: 547-553.

第 8 章
量子图像的分类识别

随着互联网技术的发展，数据量呈指数级增长。相较于文字信息，图像能够提供更生动、丰富、易于理解的信息，已经成为人们在互联网上交流信息的主要媒介。近年来，随着计算机性能的提升以及相关理论的快速发展，图像识别技术取得了巨大的进步。随着机器学习和量子计算的崛起，量子机器学习为经典图像识别问题提供了新的解决方法和研究方向。量子计算具有传统计算无法比拟的优势，用量子算法代替图像识别技术中的传统机器学习方法，可以解决传统方法计算效率低的问题，这吸引了许多研究机构及企业进行量子计算的研究和量子计算机的研制。本章将以量子神经网络[1]和量子卷积神经网络[2]为例，介绍量子图像的分类识别。

8.1 量子神经网络

基于机器学习[3]的人工智能技术使经典计算机在数据分类方面取得了巨大进步。首先，假设有一个由字符串组成的数据集，其中每个字符串都有一个无噪声的二进制标签。然后，给定一个包含 S 个样本及其标签的训练集，目标是利用这些信息来正确预测未知样本的标签。下面将以文献[4]为例介绍量子神经网络。量子神经网络示意如图 8-1 所示。

假设数据集由样本 $z = z_1 z_2 \cdots z_n$ 组成。其中，z_i 取值为+1 或−1，$l(z)$ 为样本 z 的标签。假设数据集由 2^n 个样本组成。使用一个作用于 $n+1$ 个量子比特的量子处理器，将最后一个量子比特作为读出位，量子处理器在输入量子态上进行酉变换。

酉算子集合表示为

$$\{U_a(\theta)\} \tag{8.1}$$

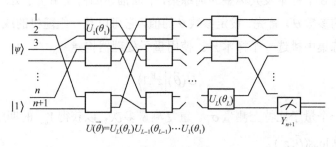

$$U(\vec{\theta})=U_L(\theta_L)U_{L-1}(\theta_{L-1})\cdots U_1(\theta_1)$$

图 8-1　量子神经网络示意

　　酉算子集合中的每个酉算子都作用于所有量子比特的一个子集，并依赖于参数 θ，每个酉算子只有一个控制参数。对于一组有 L 个酉算子的集合，使酉算子满足

$$U(\vec{\theta})=U_L(\theta_L)\,U_{L-1}(\theta_{L-1})\cdots U_1(\theta_1) \tag{8.2}$$

这取决于 L 个参数 $\vec{\theta}=\theta_L,\theta_{L-1},\cdots,\theta_1$，对于每个 z，构造计算基态为

$$|z,1\rangle=\big|z_1z_2\cdots z_n,1\big\rangle \tag{8.3}$$

其中，读出位已设置为 1。在输入量子态上进行酉变换可得

$$U(\vec{\theta})|z,1\rangle \tag{8.4}$$

　　在读出位上测量泡利算子 σ_y，称为 Y_{n+1}。我们的目标是使测量结果与输入字符串的正确标签 $l(z)$ 相对应。所预测的标签值是 -1 和 1 之间的实数，其满足

$$\big\langle z,1\big|U^\dagger(\vec{\theta})Y_{n+1}U(\vec{\theta})\big|z,1\big\rangle \tag{8.5}$$

其中，$\dagger$ 表示共轭转置算符。重复计算式（8.5），可得到 Y_{n+1} 为测量结果的平均值。

　　我们的目标是找到使预测的标签值接近真实标签的参数 $\vec{\theta}$，对于给定的量子线路而言，即选择 L 个酉算子、一组参数 $\vec{\theta}$ 和一个输入字符串 z，考虑样本损失为

$$\mathrm{loss}(\vec{\theta},z)=1-l(z)\big\langle z,1\big|U^\dagger(\vec{\theta})Y_{n+1}U(\vec{\theta})\big|z,1\big\rangle \tag{8.6}$$

样本损失在标签和预测标签值的乘积范围内是线性的。假设对于每个输入 z，

量子神经网络的测量结果总能给出正确的标签，这意味着参数 $\vec{\theta}$ 存在并且已经被发现，使对于所有输入 z 的样本损失为 0。

给定包含 S 个样本及其标签的训练集，下面描述如何使用量子处理器来找到完成学习任务的参数 $\vec{\theta}$。首先，设定参数 $\vec{\theta}$ 的值，它可以是一组随机的或者确定的数。然后，从训练集中挑选一个样本 z^1。使用量子处理器构建

$$U(\vec{\theta})\left|z^1,1\right\rangle \tag{8.7}$$

在最后一个量子比特上测量 σ_y。重复测量多次，以获得 Y_{n+1} 的期望值，然后通过式(8.6)计算 $\mathrm{loss}(\vec{\theta},z^1)$。

在量子神经网络中，每个酉算子作用于前一个酉算子的输出，并没有明确地引入非线性。我们指定在量子演化后要测量的参数化酉算子集和算子。假设式（8.1）中的各个酉算子都有以下形式

$$\exp(\mathrm{i}\theta\Sigma) \tag{8.8}$$

其中，Σ 是集合 $\left\{\sigma_x,\sigma_y,\sigma_z\right\}$ 中作用于某些量子比特的算子张量积。关于 θ 的导数给出一个范数以 1 为界的算子。则损失函数关于 $\vec{\theta}$ 的梯度是以参数的个数 L 为界的，这意味着梯度不会爆炸。

给定 2^n 个 n bit 的字符串，则有 $2^{(2^n)}$ 个可能的标签函数 $l(z)$。给定一个标签函数，考虑其操作在计算基态上的定义为

$$U_l\left|z,z_{n+1}\right\rangle = \exp\left(\mathrm{i}\frac{\pi}{4}l(z)X_{n+1}\right)\left|z,z_{n+1}\right\rangle \tag{8.9}$$

换句话说，式（8.9）的作用是使输出量子比特绕其 x 轴旋转一定的角度。相应地，有

$$U_l^{\dagger}Y_{n+1}U_l = \cos\left(\frac{\pi}{2}l(Z)\right)Y_{n+1} + \sin\left(\frac{\pi}{2}l(Z)\right)Z_{n+1} \tag{8.10}$$

其中，$l(z)$ 在计算基态上被解释为对角线算子。需要注意，因为 $l(z)$ 取值只能是+1或−1，所以有

$$\left\langle z,1\left|U_l^{\dagger}Y_{n+1}U_l\right|z,1\right\rangle = l(z) \tag{8.11}$$

这表明我们可以用量子线路表示任何标签。

一旦估计了样本损失，如果要计算样本损失对于 $\vec{\theta}$ 的梯度，一种简单的方法是一次改变 $\vec{\theta}$ 的一个分量。对于每个改变的分量，需要重新计算 $\mathrm{loss}(\vec{\theta}', z)$，其中 $\vec{\theta}'$ 在一个分量中与 $\vec{\theta}$ 相差很小。通过对称差分的方法来获得函数导数的二阶准确估计，表示为

$$\frac{\mathrm{d}f(x)}{\mathrm{d}x} = \frac{f(x+\varepsilon) - f(x-\varepsilon)}{2\varepsilon} + O(\varepsilon^2) \tag{8.12}$$

这需要在每个 x 上估计 f 的误差不大于 $O(\varepsilon^3)$。具体地，为了在 ε^3 阶下估计 $\mathrm{loss}(\vec{\theta}, z)$，需要 $\frac{1}{\varepsilon^6}$ 阶测量。因此，使用对称差分通过进行 $\frac{1}{\eta^3}$ 阶测量得到精确到阶数 η 的梯度的每个分量，需要重复 L 次才能得到完整的梯度。

当各个酉算子都是式（8.8）的形式时，有一种替代策略可用于计算梯度的每个分量。考虑式（8.6）所示样本损失关于 θ_k 的导数，它与具有广义泡利算子 Σ_k 的酉算子 $U_k(\theta_k)$ 有关，即

$$\frac{\mathrm{d}\,\mathrm{loss}(\vec{\theta}, z)}{\mathrm{d}\theta_k} = 2\,\mathrm{Im}\left(\left\langle z,1\left| U_1^\dagger \cdots U_L^\dagger Y_{n+1} U_L \cdots U_{k+1} \Sigma_k U_k \cdots U_1 \right| z,1\right\rangle\right) \tag{8.13}$$

注意到，Y_{n+1} 和 Σ_k 都是酉算子。此时定义酉运算为

$$\mathcal{U}(\vec{\theta}) = U_1^\dagger \cdots U_L^\dagger Y_{n+1} U_L \cdots U_{k+1} \Sigma_k U_k \cdots U_1 \tag{8.14}$$

因此，式（8.13）可表示为

$$\frac{\mathrm{d}\,\mathrm{loss}(\vec{\theta}, z)}{\mathrm{d}\theta_k} = 2\,\mathrm{Im}(\langle z,1 | \mathcal{U} | z,1\rangle) \tag{8.15}$$

$\mathcal{U}(\vec{\theta})$ 可以看作一个由 $2L+2$ 个酉算子组成的量子线路，每个酉算子只作用于几个量子比特。我们可以使用量子装置让 $\mathcal{U}(\vec{\theta})$ 作用于 $|z,1\rangle$。通过辅助量子比特可以测量式（8.15）的右侧为

$$|z,1\rangle \frac{1}{\sqrt{2}}(|0\rangle + |1\rangle) \tag{8.16}$$

在辅助量子比特为 1 的条件下，$i\mathcal{U}(\vec{\theta})$ 起作用，即产生

$$\frac{1}{\sqrt{2}}(|z,1\rangle |0\rangle + i\mathcal{U}(\vec{\theta}) |z,1\rangle |1\rangle) \tag{8.17}$$

对辅助量子比特执行 Hadamard 变换可得

$$\frac{1}{2}(|z,1\rangle + \mathrm{i}\mathcal{U}(\vec{\theta})|z,1\rangle|0\rangle) + \frac{1}{2}(|z,1\rangle - \mathrm{i}\mathcal{U}(\vec{\theta})|z,1\rangle|1\rangle) \tag{8.18}$$

测量辅助量子比特，得到 0 的概率为

$$\frac{1}{2} - \frac{1}{2}\mathrm{Im}(\langle z,1|\mathcal{U}(\vec{\theta})|z,1\rangle) \tag{8.19}$$

因此，通过反复测量可以很好地估计虚部，虚部变成了梯度的第 k 个分量的估计值。此方法避免了近似梯度所带来的数值精度问题。

为了给出准确的梯度估计，需要更新 $\vec{\theta}$ 的策略。设 $\vec{g}$ 是 $\mathrm{loss}(\vec{\theta},z)$ 对于 $\vec{\theta}$ 的梯度。要在 $\vec{g}$ 的方向上更改 $\vec{\theta}$，则在 γ 上有

$$\mathrm{loss}(\vec{\theta}+\gamma\vec{g},z) = \mathrm{loss}(\vec{\theta},z) + \gamma\vec{g}^2 + \mathcal{O}(\gamma^2) \tag{8.20}$$

要想把损失降到最低，则有

$$\gamma = -\frac{\mathrm{loss}(\vec{\theta},z)}{\vec{g}^2} \tag{8.21}$$

这样做使当前训练样本的损失接近于 0，但可能会使其他样本的损失更加严重。通常的机器学习技术是引入一个较小的学习率 r，然后设置

$$\vec{\theta} \to \vec{\theta} - r\left(\frac{\mathrm{loss}(\vec{\theta},z)}{\vec{g}^2}\right)\vec{g} \tag{8.22}$$

尽管现在还没有可以使用的量子计算机，但可以使用传统计算机来模拟量子计算过程。由于希尔伯特空间维度是 $2^{(n+1)}$，因此仅在较少的量子比特上模拟量子计算过程是可能的。该模拟的优点是一旦计算出式（8.4）所示量子态，我们就可以直接估计 Y_{n+1} 的期望值，而不需要进行任何测量。

8.2 量子卷积神经网络

卷积神经网络[5-7]的出现解决了全连接神经网络模型的复杂度随着数据维度增

加而增加的问题。卷积神经网络中的局部连接和权值共享的特点使它在图像处理等
领域表现出色[8-11]。局部连接是指卷积层中的节点仅与前一层的部分节点连接，这
样可以只关注像素相关性较强的区域；权值共享是指在卷积层中同一个卷积核对整
个图像进行卷积运算时参数相同，卷积核的参数不会因为卷积位置的不同而改变。
卷积神经网络的这两个特性有效地降低了模型的复杂度。随着量子计算的发展，量
子卷积神经网络[2,12-13]开始受到研究人员的关注。量子卷积神经网络融合了量子计
算的优势，开始成为一种全新的分类模型承担图像分类任务。

　　和经典卷积神经网络一样，量子卷积神经网络也由卷积层、池化层和全连接层
构成。接下来以文献[2]提出的量子卷积神经网络模型为例，介绍量子卷积神经网
络的具体结构，如图 8-2 所示，其中，P_{in} 表示输入量子态，U 表示量子卷积层，V
表示量子池化层，F 表示量子全连接层。

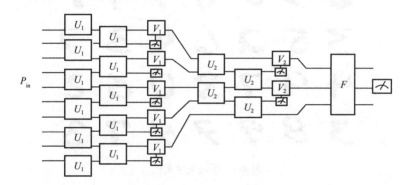

图 8-2　量子卷积神经网络结构

（1）量子卷积层

　　量子卷积层由量子卷积核 U_i 组成，U_i 一般由参数量子门和非参数量子门组成。
量子卷积层在输入量子态上进行酉变换。量子卷积核 U_i 的组成具有一定的自由性，
但通常包括单量子比特门和多量子比特门，多量子比特门的作用是在量子比特中产
生纠缠。如图 8-2 所示，同一个 U_i 具有相同的参数，并且只作用在当前的卷积层中。

（2）量子池化层

　　量子池化层的作用是对卷积层的结果进行降维映射。一般由测量和受控量子门
组成，受控量子门依据测量结果对所作用的量子比特施加不同的幺正变换。量子池
化层将上一层的卷积结果映射到数量较少的量子比特中，同时保留了卷积结果，进
而达到与经典池化层相同的效果。

（3）量子全连接层

和经典全连接层一样，量子全连接层的作用是对特征进行进一步的映射。在经过量子卷积层和量子池化层的作用后，特征信息只保留在数量较少的量子比特上，可以用量子全连接层对特征信息进行进一步的映射处理。

8.3 基于量子卷积神经网络的手写数字识别

手写数字识别[14]是图像识别中最简单且常见的一种任务。对手写数字识别的研究一直是图像识别领域的研究热点。手写数字实例如图 8-3 所示。

图 8-3　手写数字实例

8.3.1　混合量子经典卷积神经网络模型

参数化量子线路[15]提供了一种能够在量子计算机上实现量子算法的量子计算模型。以参数化量子线路为基础的量子机器学习算法[16]能够利用量子计算的潜力，对经典机器学习算法提供计算加速或实现更好的算法性能。本节介绍一种用于图像分类的混合量子经典卷积神经网络（Hybrid Quantum-Classical Convolutional Neural Network，HQCCNN）。该网络由量子卷积层、量子池化层和经典全连接层构成，使用单量子旋转门根据图像像素值制备图像量子态；使用参数化量子线路设计量子卷积层，提取图像特征；使用量子池化单元执行池化操作。量子系统完成对图像量子态的演化后，对输出量子态进行测量，将测量结果输入经典全连接层中进行进一步映射，最后得到图像识别结果。利用 MNIST 数据集进行实验验证 HQCCNN 的模型性能，将 HQCCNN 与相同结构的 CNN 进行对比，结果表明，HQCCNN 相比于 CNN 具有更快的训练速度和更高的测量准确率。

1. 经典图像预处理

（1）图像下采样

含噪声的中型量子（Noisy Intermediate-Scale Quantum，NISQ）计算机[17]受到量子比特数和量子线路深度的限制。简单来说，图像的大小决定了量子比特数，因此对量子计算机会有一定的限制。为了减轻量子比特数的限制，可采用基于高斯金字塔的下采样方法，高斯金字塔如图 8-4 所示。

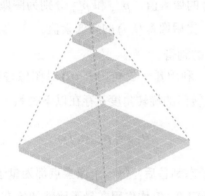

图 8-4　高斯金字塔

设 G_l 为高斯金字塔的第 l 层，G_0 为原始图像，则有

$$G_l(i,j) = \sum_{m=-2}^{2} \sum_{n=-2}^{2} w(m,n) G_{l-1}(2i+m, 2j+n) \tag{8.23}$$

其中，i 和 j 表示高斯金字塔第 l 层图像中像素的坐标；$w(m,n)$ 是一个 5×5 的高斯滤波器，表达式为

$$w = \frac{1}{256} \begin{Bmatrix} 1 & 4 & 6 & 4 & 1 \\ 4 & 16 & 24 & 16 & 4 \\ 6 & 24 & 36 & 24 & 6 \\ 4 & 16 & 24 & 16 & 4 \\ 1 & 4 & 6 & 4 & 1 \end{Bmatrix} \tag{8.24}$$

通过删除图像的偶数行和偶数列，图像的大小变成原始图像的一半。按照上述

步骤生成的 $G_0, G_1, \cdots, G_N$ 构成了图像的高斯金字塔，其中，G_0 为金字塔底层，G_N 为金字塔顶层。MNIST 数据集经过三次高斯金字塔下采样后，原始图像变成 4×4 大小的灰度图像。

（2）图像归一化

图像的像素值是介于 0～255 的整数。为了将像素信息编码成量子态，需要将像素值归一化到[0, 1]，像素归一化可表示为

$$p_{\text{new}}(i, j) = \frac{p(i, j) - p_{\min}}{p_{\max} - p_{\min}} \tag{8.25}$$

其中，$p(i, j)$ 为像素 (i, j) 的像素值，$p_{\max}$ 和 $p_{\min}$ 分别为图像像素值的最大值和最小值，$p_{\text{new}}(i, j)$ 为像素归一化后像素 (i, j) 的新像素值。

2. 经典图像量子态的制备

图像经过预处理后，利用量子旋转门 $R_y(\theta)$ 对图像进行量子态编码，像素值 $p_{\text{new}}(i, j)$ 与 $R_y(\theta)$ 量子旋转门的旋转角度 θ 存在以下关系

$$\theta_{(i, j)} = p_{\text{new}}(i, j)\pi \tag{8.26}$$

完成输入数据的量子态制备后，每一个像素点都为量子旋转门 $R_y(\theta)$ 提供了旋转角度，不同的量子旋转门 $R_y(\theta)$ 均作用在量子比特初始态 $|0\rangle$ 上，作为后续量子卷积层的输入。量子态的制备如图 8-5 所示。

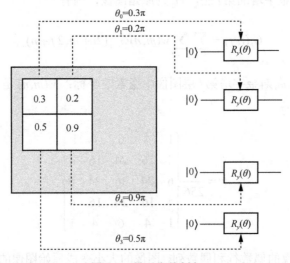

图 8-5　量子态的制备

3．卷积操作

获得图像量子态后，我们使用量子卷积核对量子态进行幺正变换。量子卷积线路如图 8-6 所示。卷积核由多个单量子比特旋转门和双量子门组成，训练参数为 5 个，卷积核的结构如图 8-6 中虚线框所示。

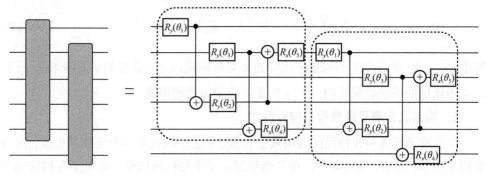

图 8-6 量子卷积线路

图 8-6 还表示了卷积层对一个大小为 2×3 的图像的卷积过程，利用参数酉门对所有卷积窗口对应的量子比特进行酉变换。卷积窗口重复作用于 4 个量子比特的目的是尽可能地保留卷积的特性，通过卷积核的酉门对量子比特进行线性变换，提取隐藏在量子态中的信息。

4．池化操作

本节使用由 3 个 CNOT 门组成的量子池化单元 V 来降低卷积结果的维度，量子池化线路如图 8-7 所示，虚线框内为量子池化单元。3 个 CNOT 门作用到一个卷积窗口上，使卷积结果映射到某一个量子比特上，最后只需要对特定量子比特执行测量，即可得到池化后的结果，在经过池化层的特征降维后，将结果输入全连接层中输出图像的预测类别。

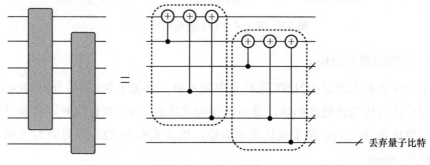

丢弃量子比特

图 8-7 量子池化线路

在经典 CNN 中，通常通过非线性函数在模型中引入非线性。而在量子系统中，我们通过测量将非线性引入量子系统。经过量子卷积层和量子池化层的量子态演化，得到了量子系统的最终量子态 $|\varphi_{\text{out}}\rangle$。执行 Z 基测量，得到 $|\varphi_{\text{out}}\rangle$ 的期望值，即

$$E = \langle \varphi_{\text{img}} | U^{\dagger}(\theta)V^{\dagger}\boldsymbol{Z}_1\cdots\boldsymbol{Z}_N VU(\theta)|\varphi_{\text{img}}\rangle \tag{8.27}$$

其中，$\boldsymbol{Z}_1\cdots\boldsymbol{Z}_N$ 是作用于不同量子比特的 Z 算符向量，$U(\theta)$ 是卷积层的参数量子门，V 是池化层的无参数量子门，E 是测量的量子态的期望值。

5. 构造混合量子经典卷积神经网络

混合量子经典卷积神经网络由量子卷积层、量子池化层和全连接层组成，网络结构如图 8-8 所示。图 8-8 中，量子卷积层由多个卷积核构成，由量子卷积层完成卷积得到卷积结果，随后由量子池化层对卷积结果进行特征降维，测量量子池化层的输出，将测量结果输入全连接层中得到图像的类别。

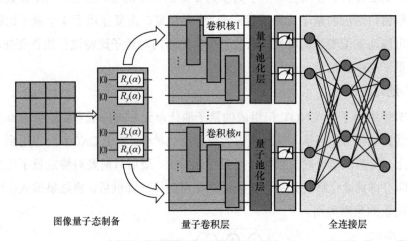

图 8-8　混合量子卷积神经网络结构

6. 实验结果与分析

本节实验首先测试 MNIST 数据集中的所有二分类子集，然后分析 HQCCNN 的结构变化对模型性能的影响，最后与相同架构的 CNN 进行比较。实验设置如下，经典优化器 Adam 用于优化模型参数，批次大小为 32，学习率为 0.01，设置 100 个 epoch。

（1）二分类任务

本节将测试所有二分类子集，HQCCNN 设置一个量子卷积层，具有一个卷积核，不设置量子池化层。二分类结果如图 8-9 所示。

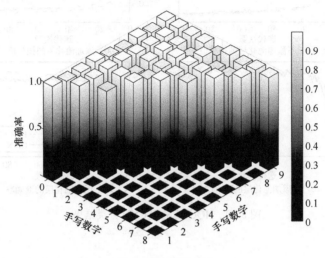

图 8-9　二分类结果

在 45 个二分类任务中，HQCCNN 均表现出较高的准确率。准确率最大值出现在 4 和 5 的分类任务中，达到 99.80%。准确率最小值出现在 3 和 8 的分类任务中，为 91.51%。同时，在分类结果中也可以看出，当其他类别数字与 5 或 8 进行分类时，准确率都不高。造成这种差异的原因可能是图像下采样后，一些图像特征丢失，增加了分类过程中的不确定性。

（2）HQCCNN 与 CNN 的对比实验

为了探究 HQCCNN 和 CNN 的分类性能差异，本节设置相同网络结构的 HQCCNN 和 CNN 进行对比实验。HQCCNN 设置含有两个卷积核的一个量子卷积层，设置不添加量子池化层和添加量子池化层的两种网络结构。CNN 设置含有两个卷积核的一个卷积层，为了保证 HQCCNN 和 CNN 有相同个数的参数，在 CNN 中，卷积层使用 padding=1，卷积核的大小为 2×2。CNN 池化层使用最大池化，CNN 卷积层的激活函数为 ReLU 函数。HQCCNN 和 CNN 的分类结果如图 8-10 所示。

从图 8-10 可知，在不添加池化层时，HQCCNN 和 CNN 的损失值几乎相同，但 HQCCNN 的准确率比 CNN 高。添加池化层后，HQCCNN 比 CNN 具有更快的收敛速度和更高的准确率。

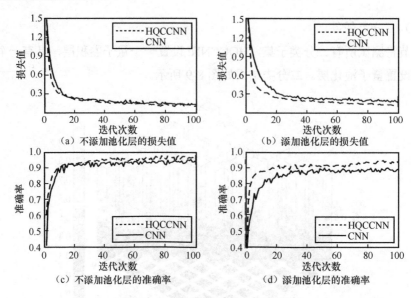

（a）不添加池化层的损失值　　　　（b）添加池化层的损失值

（c）不添加池化层的准确率　　　　（d）添加池化层的准确率

图 8-10　HQCCNN 和 CNN 分类结果

7. 总结

本节介绍了一种用于图像分类的混合量子经典卷积神经网络模型。量子卷积层采用参数化量子线路设计，实现图像量子态的酉变换。通过参数化的量子线路，可以更好地发挥量子计算的潜力，实现比 CNN 更强的学习能力。在实验部分，本节对 MNIST 数据集的所有二分类子集进行了分类并取得了良好的性能，我们还讨论了模型结构变化对 HQCCNN 的影响，并与具有相同结构的 CNN 进行了比较实验。结果表明，与 CNN 相比，HQCCNN 具有更快的收敛速度和更高的准确率。

8.3.2　量子卷积神经网络模型

本节介绍一种只包含量子部分的量子卷积神经网络，使用量子全连接层替换8.3.1 节混合量子经典卷积神经网络中的经典全连接层。将量子池化层的结果直接输入量子全连接层中，在量子全连接层的末端通过测量获得图像的类别。接下来将介绍量子卷积神经网络中各个部分的线路结构。

1. 量子卷积层

量子卷积层由多个参数化量子滤波器组成，量子滤波器类似于经典卷积层中的卷积核，量子卷积层使用参数化量子滤波器对数据的局部空间进行酉正变换，完成对所有量子比特的特征提取。量子滤波器包含多种量子比特门，其中包括单量子比特门和双量子比特门，它们可以对相应的量子比特进行幺正变换。双量子比特门作用是实现量子比特之间的纠缠。量子卷积层的量子线路如图 8-11 所示，卷积核 U 具有 7 个可调整的参数。

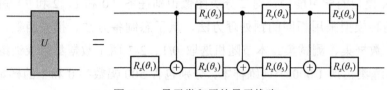

图 8-11　量子卷积层的量子线路

2．量子池化层

量子池化层的量子线路如图 8-12 所示。在量子线路中加入 CNOT 门、$R_y(\theta)$ 旋转门和 $R_z(\theta)$ 旋转门，参数化量子门施加于相邻量子比特上。其中，$R^{\dagger}_z(\theta)$ 表示 $R_z(\theta)$ 的共轭转置量子门，共有 6 个可调参数。

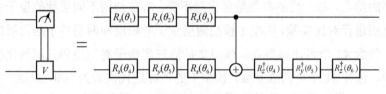

图 8-12　量子池化层的量子线路

3．量子全连接层

量子全连接层和经典全连接层相似，出现在网络模型的末端。量子全连接层使用强纠缠量子线路，内部各个量子门的参数相互独立，其量子线路如图 8-13 所示，共包含 12 个可训练的参数，通过量子测量获得图像的类别。测量基为 R_z 作用后的量子态，并将测量结果映射为量子卷积神经网络的判别结果。

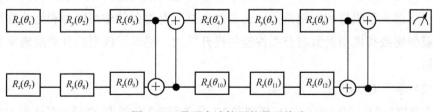

图 8-13　量子全连接层的量子线路

4．实验结果与分析

本节采用 MNIST 数据集进行仿真实验，验证量子卷积神经网络的学习能力，模拟了图像的预处理、图像量子态的制备以及完整的量子卷积神经网络模型，其中包括量子卷积层、量子池化层和量子全连接层。我们对比了不同层数的 QCNN 模型的学习能力，对二分类图像识别任务（0 和 1、2 和 7）进行实验分析，两种模型采用相同的预处理方法、量子态制备方法、损失函数、梯度下降方法、数据集、测试集。本节随机选取 0/1、2/7 两个数据集组成训练集和测试集。训练集包括 1 000 个训练样本，分别包含 500 幅数字 0 和 1 的样本，测试集包括 250 个测试样本，分别包含 125 幅数字 0 和 1 的样本，2/7 数据集样本分布和 0/1 相同。

（1）不同量子卷积神经网络模型的性能分析

本节将 28 像素×28 像素的手写数字样本下采样为 4 像素×4 像素的灰度图像。图像通过量子态的制备后，有 16 个输入量子比特作为 QCNN 的输入，每经过一层量子池化，量子比特的数量减少为原来的一半。由于量子卷积层和量子池化层具有权值共享的特点，每一层的参数数量保持不变。本节使用不同层数的量子卷积层和量子池化层进行对比实验，模型 1 按照两层量子卷积层和两层量子池化层的比例构建模型，包含 42 个可训练参数；模型 2 按照三层量子卷积层和三层池化层的比例构建模型，包含 51 个可训练参数。模型 1 的训练迭代次数为 100，批次大小为 64，学习率为 0.3，损失值定义为均方误差（MSE），MSE 是预测值 $f(x)$ 与目标值 y 之间差值平方和的均值，其计算式为

$$\text{MSE} = \frac{\sum_{i=1}^{n}(f(x)-y)^2}{n} \tag{8.28}$$

0/1 数据集和 2/7 数据集的分类结果如图 8-14 所示。从图 8-14 可以看出，模型 2 相比模型 1 有更高的分类准确率和更稳定的损失值。与两层结构的模型相比，三层量子卷积层和三层量子池化层的模型具有更强的学习能力和泛化性能。增加模型层数和模型参数对分类性能的提升较大，提高了模型的分类准确率和泛化性能。

（2）基于 QCNN 的二元分类

本节提出的三层结构 QCNN 模型在 0/1 分类和 2/7 分类中，准确率可达到 100%。

为了提高量子线路特征提取率和分辨率，更好地适应其他二分类任务，本节改变数据集样本的下采样方法，采用平均池化下采样策略，对图像预处理进行改进。Zeng等[18]提出了一种混合量子神经网络来实现现实世界数据集的多分类任务，证明了平均池化下采样策略的可行性。平均池化下采样通过空白切割和平均池化操作，首先将 28 像素×28 像素的数据样本切除空白，保留 20 像素×20 像素的灰度图像，丢弃每个边界上几乎没有有用信息的 4 行或 4 列。再对 20 像素×20 像素的灰度图像进行平均池化，将其分为 16 组 5 像素×5 像素的像素块，计算每个像素块的平均值，得到 4 像素×4 像素的灰度图像。

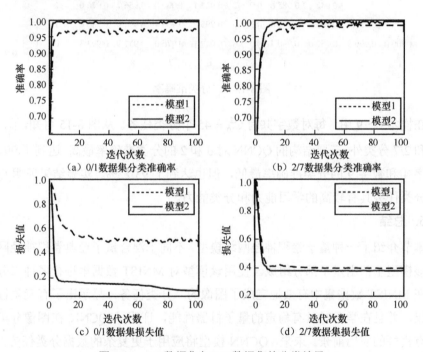

图 8-14　0/1 数据集与 2/7 数据集的分类结果

实验采用平均池化预处理后的 4 像素×4 像素的灰度图像，经过量子态制备后作为模型的输入，执行 0～9 中每对数字的二进制分类任务。我们使用三层量子卷积层和三层量子池化层的模型，包含 51 个可训练参数。实验批次大小为 8，学习率为 0.1，损失函数定义为交叉熵函数，表示为

$$L = \frac{1}{N} \sum_i -\left[y_i \log(p_i) + (1 - y_i) \log(1 - p_i) \right] \qquad (8.29)$$

其中，y_i 为样本 i 的标签，p_i 为预测样本 i 为正类的概率，N 为测试集样本的数量。二分类准确率如图 8-15 所示。

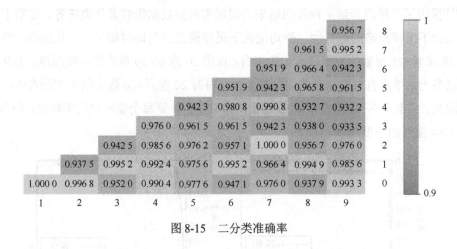

图 8-15　二分类准确率

在样本 0~9 中，每对数字共有 $C_{10}^2 = 45$ 个分类任务。从图 8-15 可知，除了 0/1 分类和 2/7 分类外，三层结构的 QCNN 对 0 和 2 的分类准确率最高，达到了 99.68%。对数字 4 和数字 9 的分类准确率最低，但也达到了 93.22%。实验结果证明 QCNN 对二分类任务具有较高的学习能力和分类能力。

5. 总结

本节介绍了一种量子卷积神经网络模型，不同于混合量子经典卷积神经网络模型，该模型全部由量子部分组成。使用该模型对 MNIST 数据集进行多种二分类任务，在 MNIST 数据集中有效地完成了图像的二分类任务，显示出了有竞争性的识别结果，并且在学习时具有稳定的量子机器性能，证明了 QCNN 在图像分类任务中具有良好的应用前景。未来，QCNN 模型将应用于更复杂的数据分类任务，这些问题将是未来的研究重点。未来随着大规模量子设备的出现，量子比特数量的有限性将会得到合理的解决，从而可以最大限度地提取原始图像的特征信息，达到优化模型的学习能力和适应能力的效果。

8.4　本章小结

本章介绍了量子神经网络和量子卷积神经网络，并以手写数字图像分类为例，介绍了两种分类模型，分别是混合量子经典卷积神经网络模型和量子卷积神经网络模型，并介绍了分类的具体流程，包括经典图像的量子态制备（构建量子图像）、参数化量子线路搭建量子模型以及在手写数字图像分类方面的仿真实验。两种分类模型在处理手写数字识别分类任务中均表现出了良好的模型性能和稳健性。但在NISQ 计算机时代，量子设备的所用量子比特较少，这就导致对于维数较高的经典数据，如图像数据，使用量子神经网络模型处理经典数据的第一步就是数据降维，但大幅度的数据降维会使经典数据的一些特征丢失，不同样本数据之间的特征变得模糊，这导致了分类过程中的不确定性。随着量子信息技术的发展，大规模通用量子计算机的出现将会解决这个问题。

参考文献

[1]　BEHRMAN E C, NASH L R, STECK J E, et al. Simulations of quantum neural networks[J]. Information Sciences, 2000, 128(3-4): 257-269.

[2]　CONG I, CHOI S, LUKIN M D. Quantum convolutional neural networks[J]. Nature Physics, 2019, 15(12): 1273-1278.

[3]　JORDAN M I, MITCHELL T M. Machine learning: trends, perspectives, and prospects[J]. Science, 2015, 349(6245): 255-260.

[4]　FARHI E, NEVEN H. Classification with quantum neural networks on near term processors[J]. arXiv Preprint, arXiv:1802.06002, 2018.

[5]　O'SHEA K, NASH R. An introduction to convolutional neural networks[J]. arXiv Preprint, arXiv:1511.08458, 2015.

[6]　AGHDAM H H, HERAVI E J. Guide to convolutional neural networks[R]. 2017.

[7]　NIEPERT M, AHMED M, KUTZKOV K. Learning convolutional neural networks for graphs[C]//Proceedings of International Conference on Machine Learning. New York: PMLR, 2016: 2014-2023.

[8]　SULTANA F, SUFIAN A, DUTTA P. Advancements in image classification using convolutional neural network[C]//Proceedings of Fourth International Conference on Research in Computational Intelligence and Communication Networks (ICRCICN). Piscataway: IEEE Press, 2019: 122-129.

[9]   TANG H, XIAO B, LI W, et al. Pixel convolutional neural network for multi-focus image fusion[J]. Information Sciences, 2018, 433: 125-141.

[10] GATYS L A, ECKER A S, BETHGE M. Image style transfer using convolutional neural networks[C]//Proceedings of 2016 IEEE Conference on Computer Vision and Pattern Recognition (CVPR). Piscataway: IEEE Press, 2016: 2414-2423.

[11] RAWAT W, WANG Z H. Deep convolutional neural networks for image classification: a comprehensive review[J]. Neural Computation, 2017, 29(9): 2352-2449.

[12] CHEN S Y C, WEI T C, ZHANG C, et al. Quantum convolutional neural networks for high energy physics data analysis[J]. Physical Review Research, 2022, 4: 013231.

[13] MACCORMACK I, DELANEY C, GALDA A, et al. Branching quantum convolutional neural networks[J]. Physical Review Research, 2022, 4: 013117.

[14] LECUN Y, CORTES C, BURGES C J. MNIST handwritten digit database. AT&T Labs[R]. 2010.

[15] MCCLEAN J R, BOIXO S, SMELYANSKIY V N, et al. Barren plateaus in quantum neural network training landscapes[J]. Nature Communications, 2018, 9: 4812.

[16] BENEDETTI M, LLOYD E, SACK S, et al. Parameterized quantum circuits as machine learning models[J]. Quantum Science and Technology, 2019, 4(4): 043001.

[17] PRESKILL J. Quantum computing in the NISQ era and beyond[J]. Quantum, 2018, 2: 79.

[18] ZENG Y, WANG H, HE J, et al. A multi-classification hybrid quantum neural network using an all-Qubit multi-observable measurement strategy[J]. Entropy, 2022, 24(3): 394.

第 9 章
量子图像仿真实现

由于目前量子计算机的体系架构并未统一，在硬件层面上的技术路线也未最终确定，因此无法确定哪种量子机器指令集更科学、更合理。现阶段，量子计算编程领域的研究者大多从量子线路、量子计算汇编语言、量子计算高级编程语言等方面入手，不断寻找未来可能最受欢迎的编程语言。自 20 世纪 80 年代以来，从事物理和计算复杂性研究的学者提出了诸多量子算法，其多数不具备计算机编程思维，使用图形化的方式表示量子程序、量子算法，在某种程度上，这种表示形式曾是最简洁的量子编程语言。目前，在量子比特数量较少的前提条件下，量子线路是量子计算中采用最广泛的方式，大多数的量子计算平台均支持这一编程方式。

随着量子计算技术研究的不断深入，人们能够使用的量子比特数量也逐步增长，在这种情况下，量子线路的编程方式已经无法适应研究需要，量子汇编语言应运而生。类似于经典计算中的语言，量子汇编语言是能够被量子计算机直接识别和执行的一种机器指令集，它是量子计算机设计者通过量子计算机的物理结构赋予量子计算机的操作功能。由于每个量子机器必须由经典设备控制，现有的量子编程语言包含经典控制结构，例如循环和条件执行，并允许对经典和量子数据进行操作；量子编程语言有助于使用高级构造表达量子算法。

在开发工程师的眼中，用量子语言进行量子编程只是一种最基础的方法，如何最大效率地使用量子语言构建足够便捷或功能足够强大的量子程序一直是研究者追求的目标。随着量子语言的不断成熟，量子计算行业中各类量子软件开发包层出不穷，它们提供了各种量子编程工具，如各类数据库、代码示例、程序开发的流程和指南，并允许开发人员在特定量子平台上创造量子软件应用程序。在量子计算行业，一个提供了创建和操作量子程序的量子计算工具集，以及提供了模拟量子程序的方法包被称为量子软件开发工具包（SDK），其允许开发者使用基于云的量子设备来运行、检验自己所开发的量子程序。根据不同的后端处理系统，量子软件开发工具分为两大类：一类是可以访问量子处理器的 SDK，另一类是基于量子计算模拟器的 SDK。

由于量子图像多来自经典世界，需要将经典图像编码为量子信息后再进行处理，而目前尚无可有效完成此项工作的量子计算机，因此量子图像需要通过基于量子计算模拟器的 SDK 来进行仿真实现。

9.1 主流量子仿真 SDK 介绍

近年来，世界各个科技强国都高度重视量子计算研究，纷纷发布自己的量子信息科技战略。本节介绍目前影响力较大的 3 个量子仿真 SDK。

1. Qiskit

Qiskit 是一个开源 SDK，用于在线路、脉冲和算法级别与量子计算机一起工作。它提供了用于创建和操作量子程序，并在 IBM Quantum Experience 上的原型量子设备或本地计算机上的模拟器上运行它们的工具。此外，Qiskit 核心模块上还存在多个特定域的应用程序接口。

Qiskit 的核心目标是构建一个软件栈，使人们可以轻松使用量子计算机，而不需要具备特别的技能；此外，Qiskit 允许人们轻松设计实验和应用程序，并在真正的量子计算机或经典模拟器上实现。使用 Qiskit 时，用户工作流程包括以下 4 个步骤。

（1）构建：设计一个量子线路来表示需要解决的问题。

（2）编译：为特定的量子服务编译量子线路，如量子系统或经典模拟器。

（3）运行：在特定的量子服务上运行量子线路，这些服务可以是基于云的或本地的。

（4）分析：计算汇总统计数据并可视化实验结果。

Qiskit 代码示例如下。

```python
import numpy as np
from qiskit import QuantumCircuit, transpile
from qiskit.providers.aer import QasmSimulator
from qiskit.visualization import plot_histogram
```

```
# 使用 Aer's qasm_simulator
simulator = QasmSimulator()
# 创建作用于 q 寄存器的量子线路
circuit = QuantumCircuit(2, 2)
# 将一个 Hadamard 门应用于 0 态
circuit.h(0)
# 使用受控非门 (CNOT) 来控制量子比特
circuit.cx(0, 1)
#将量子测量映射到经典位
circuit.measure([0,1], [0,1])
# 将线路编译为低级 QASM 指令
compiled_circuit = transpile(circuit, simulator)
# 在 QASM 模拟器上执行线路
job = simulator.run(compiled_circuit, shots=1000)
# 获取结果
result = job.result()
# 返回数据
counts = result.get_counts(compiled_circuit)
print("\nTotal count for 00 and 11 are:",counts)
# 绘制量子线路
circuit.draw()
# 绘制直方图
plot_histogram(counts)
```

上述 Qiskit 代码绘制的量子线路如图 9-1 所示，直方图如图 9-2 所示，其中，H 表示 Hadamarol 门，X 表示 CNOT 门，M 表示最终的测量门。

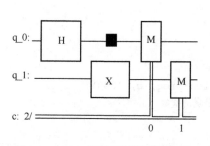

图 9-1　Qiskit 代码绘制的量子线路

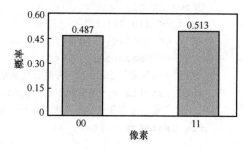

图 9-2　Qiskit 代码绘制的直方图

2. QPanda

QPanda 是由本源量子开发的开源量子计算编程框架，它可以用于构建、运行和优化量子算法。QPanda 作为本源量子计算系列软件的基础库，为 OriginIR、

Qurator、量子计算服务提供核心部件，目前提供 C++编程语言和 Python 编程语言两种版本。

QPanda 具备以下 3 个主要特点。

（1）对接不同平台。QPanda 可以对接不同的量子计算平台，它可以把 QPanda编写的量子程序编译为不同量子计算平台对应的量子语言，目前可支持 QASM、OriginIR、Quil 等多种量子语言。

（2）优化/转换工具。QPanda 可根据真实量子计算机的数据参数，提供量子线路优化/转换工具，方便用户探索 NISQ 装置上有实用价值的量子算法。

（3）量子虚拟机 QPanda 提供本地的部分振幅、单振幅、全振幅、含噪声量子虚拟机，并可直接连接到本源的量子云服务器，运行量子程序。

QPanda 运行时的抽象步骤与 Qiskit 相似。采用 C++编程语言为开发语言，一个制备量子纠缠态的代码示例如下。

```cpp
#include "QPanda.h"
USING_QPANDA
int main()
{
    // 初始化量子虚拟机
    init(QMachineType::CPU);
    // 申请量子比特以及经典寄存器
    auto q = qAllocMany(2);
    auto c = cAllocMany(2);
    // 构建量子程序
    QProg prog;
    prog << H(q[0])
         << CNOT(q[0],q[1])
         << MeasureAll(q, c);
    // 量子程序运行 1000 次，并返回测量结果
    auto results = runWithConfiguration(prog, c, 1000);
    // 打印量子态在量子程序多次运行结果中出现的次数
    for (auto&val: results)
    {
        std::cout << val.first << ", " << val.second << std::endl;
    }
    // 释放量子虚拟机
    finalize();
    return 0;
}
```

其输出结果如下

```
00 : 493
11 : 507
```

除上述两种主流的 SDK 之外，微软的 Azure Quantum 和专门为其开发的 Q#语言以及华为的 HiQ 平台等也被广泛使用。

9.2　FRQI 和 NEQR 量子图像的仿真

图像处理在人脸识别和自动驾驶等快速发展的领域被广泛应用。量子图像处理是量子信息科学的一个新兴领域，对于特定但常用的操作，如边缘检测，具有相当快的速度[1-2]。例如，Zhang 等[1]提出了一种基于 FRQI 和经典的 Sobel 算子图像边缘检测算法的新型量子图像边缘检测（QSobel）算法。对于大小为 $2^n \times 2^n$ 的 FRQI 量子图像，QSobel 可以在计算复杂度为 $O(n^2)$ 的情况下提取边缘，与现有的边缘检测算法相比，具有指数级加速效果。一旦图像被编码为 FRQI 模型和 NEQR 模型[3]表示的量子图像，我们就可以使用量子算法来处理它们，如 QSobel 算法。FRQI 模型的目标是提供图像的量子表示，允许将经典数据高效编码为量子态，并使用算子进行图像处理操作。将经典图像编码为量子态需要多项式数量的简单门。

9.2.1　制备 FRQI 图像量子态

假设图像 I 大小为 $2^n \times 2^n$，纵横坐标分别用 n 个量子比特表示，颜色信息用一个量子比特表示。根据 FRQI 模型，图像 I 可表示为

$$|I\rangle = \frac{1}{2^n} \sum_{i=0}^{2^{2n}-1} |c_i\rangle \bigotimes |i\rangle \tag{9.1}$$

$$|c_i\rangle = \cos\theta_i |0\rangle + \sin\theta_i |1\rangle, \theta_i \in \left[0, \frac{\pi}{2}\right] \tag{9.2}$$

$$|i\rangle = |y\rangle|x\rangle = |y_{n-1}y_{n-2}\cdots y_0\rangle|x_{n-1}x_{n-2}\cdots x_0\rangle, \quad |y_i\rangle|x_i\rangle \in \{0,1\} \tag{9.3}$$

FRQI 模型将图像信息分为两部分，分别为颜色信息 $|c_i\rangle$ 和位置信息 $|i\rangle$，且两

部分信息纠缠在一起。利用这种纠缠性质，可以表示颜色和位置的对应关系，即 $|i\rangle = |x\rangle|y\rangle$ 位置上的像素的颜色信息为 $|c_i\rangle$。颜色信息 $|c_i\rangle$ 中，$|0\rangle$ 和 $|1\rangle$ 为基本的二维运算基矢，$(\theta_0, \theta_1, \cdots, \theta_{2^{2n}-1})$ 为颜色的角度编码信息。位置信息 $|i\rangle$ 又可以分为两部分，$|y\rangle$ 为纵坐标信息，$|x\rangle$ 为横坐标信息，$\otimes$ 为 Kronecker 积。

9.2.2　四像素灰度 FRQI 图像仿真实现

当仿真对象为灰度图像时，颜色编码只需要考虑一个因素，即灰度值。换句话说，$\theta_i = 0$ 表示像素为黑色；$\theta_i = \dfrac{\pi}{2}$ 表示像素为白色。θ_i 可能的值为 0、$\dfrac{\pi}{4}$ 和 $\dfrac{\pi}{2}$。

（1）$\theta_i = 0, \forall i$，所有像素灰度为最小强度

FRQI 模型实现和测量大小为 2×2 的灰度图像的量子线路如图 9-3 所示，使用 Qiskit 代码实现如图 9-4 所示。经过测量与图像检索，得到的结果如图 9-5 所示。

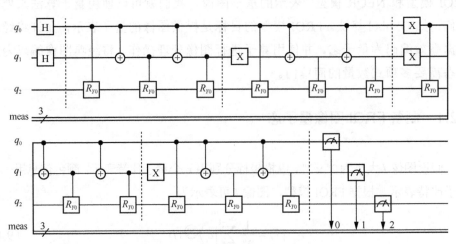

图 9-3　$\theta_i = 0$，$\forall i$ 条件下的 FRQI 模型量子线路

（2）$\theta_i = \dfrac{\pi}{2}, \forall i$，对于所有像素灰度为最大强度

FRQI 模型实现和测量大小为 2×2 的灰度图像的量子线路如图 9-6 所示，使用 Qiskit 代码实现如图 9-7 所示。经过测量与图像检索，得到的结果如图 9-8 所示。

```
theta = 0 # all pixels black
qc = QuantumCircuit (3)

qc. h (0)
qc. h (1)

qc. barrier()
#Pixel 1

qc.cry(theta, 0,2)
qc.cx(0,1)
qc.cry(-theta, 1,2)
qc.cx(0,1)c
qc.cry(theta, 1,2)

qc. barrier()
#PFixel 2

qc.x(1)
qc.cry(theta, 0,2)
qc.cx(0,1)
qc.cry(-theta, 1,2)
qc.cx(0,1)
qc.cry (theta, 1,2 )

qc.barrier()

qc.x(1)

qc.cry(theta,0,2)
qc.cx(0,1)
qc.cry(-theta,1,2)
qc.cx(0,1)
qc.cry(theta,1,2)

qc.measure_all()

qc.draw()
```

图 9-4 $\theta_i = 0$，$\forall i$ 条件下的 Qiskit 代码

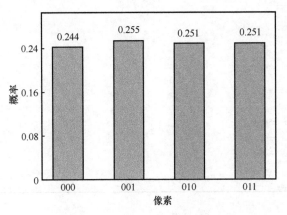

图 9-5 $\theta_i = 0$，$\forall i$ 条件下的测量结果

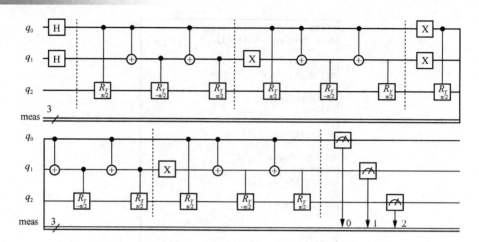

图 9-6　$\theta_i = \dfrac{\pi}{2}, \forall i$ 条件下的 FRQI 模型量子线路

```
theta = pi/2   # all pixels white
qc1 = QuantumCircuit(3)

qc1.h(0)
qc1.h(1)

qc1.barrier()
#Pixel 1

qc1.cry(theta,0,2)
qc1.cx(0,1)
qc1.cry(-theta,1,2)
qc1.cx(0,1)
qc1.cry(theta,1,2)

qc1.barrier()
#Pixel 2

qc1.x(1)

qc1.cry(theta,0,2)
qc1.cx(0,1)
qc1.cry(-theta,1,2)
qc1.cx(0,1)
qc1.cry(theta,1,2)

qc1.barrier()

qc1.x(1)
qc1.x(0)
qc1.cry(theta,0,2)
qc1.cx(0,1)
qc1.cry(-theta,1,2)
qc1.cx(0,1)
qc1.cry(theta,1,2)

qc1.barrier()

qc1.x(1)

qc1.cry(theta,0,2)
qc1.cx(0,1)
qc1.cry(-theta,1,2)
qc1.cx(0,1)
qc1.cry(theta,1,2)

qc1.measure_all()

qc1.draw()
```

图 9-7　$\theta_i = \dfrac{\pi}{2}, \forall i$ 条件下的 Qiskit 代码

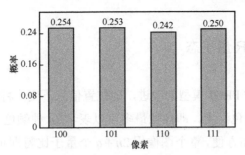

图 9-8　$\theta_i = \dfrac{\pi}{2}, \forall i$ 条件下的测量结果

（3）$\theta_i = \dfrac{\pi}{4}, \forall i$，对于所有像素灰度的强度为 50%

FRQI 模型实现和测量大小为 2×2 的灰度图的值量子线路如图 9-9 所示，经过测量与图像检索，得到的结果如图 9-10 所示。

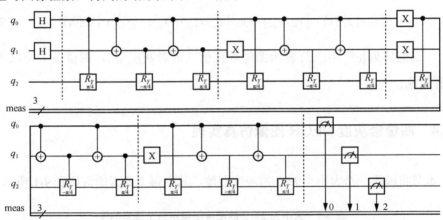

图 9-9　$\theta_i = \dfrac{\pi}{4}, \forall i$ 条件下的 FRQI 模型量子线路

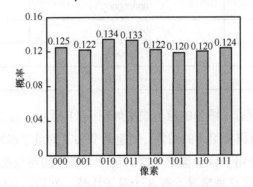

图 9-10　$\theta_i = \dfrac{\pi}{4}, \forall i$ 条件下的测量结果

9.2.3　制备 NEQR 量子态

NEQR 模型是对 FRQI 模型的改进，即位置信息不变，将颜色信息用 q 个量子比特表示。q 为图像色深度，即图像最多可以表示 $2q$ 种颜色。这一改进使对图像颜色的精细操作更加方便，整个图像用 $2n+q$ 个量子比特即可表示。根据 NEQR，一个大小为 $2^n \times 2^n$ 的图像 I 可表示为

$$|I\rangle = \frac{1}{2^n} \sum_{i=0}^{2^n-1} |c_i\rangle \otimes |i\rangle \tag{9.4}$$

$$|c_i\rangle = \left| c_i^{q-1} \cdots c_i^1 c_i^0 \right\rangle, \quad c_i^k \in \{0,1\}, k = q-1,\cdots,1,0 \tag{9.5}$$

$$|i\rangle = |y\rangle|x\rangle = |y_{n-1} y_{n-2} \cdots y_0\rangle |x_{n-1} x_{n-2} \cdots x_0\rangle, \quad |y_i\rangle|x_i\rangle \in \{0,1\} \tag{9.6}$$

其中，二值序列 $\left| c_i^{q-1} \cdots c_i^1 c_i^0 \right\rangle$ 表示图像颜色值（或者灰度值），图像最多可以表示 $2q$ 种颜色。

9.2.4　四像素灰度 NEQR 图像仿真实现

本节将编码一个大小为 2×2 的灰度图像，其中每个像素的值如表 9-1 所示。

表 9-1　大小为 2×2 的灰度图像中每个像素的值

位置信息	二进制字符串	灰度强度
$\lvert 00\rangle$	$\lvert 00000000\rangle$	黑色
$\lvert 01\rangle$	$\lvert 01100100\rangle$	深色阴影
$\lvert 10\rangle$	$\lvert 11001000\rangle$	浅色阴影
$\lvert 11\rangle$	$\lvert 11111111\rangle$	白色

NEQR 模型表示量子图像的量子线路如图 9-11 所示。首先，创建量子线路与特定数量的量子比特需要编码的图像。创建两个独立的量子线路，一个用于标记像素的灰度值，另一个用于标记像素位置。第一个量子线路包括 2^n 个量子比特，表示像素值 $f(Y,X)$，在这种情况下有 8 个量子比特。然后，在位置量子比特 idx 上添加一个 Hadamard 门，这样就可以利用图像中的所有位置。接着，编码值为

(01010101)的第二个像素(0,1)。这里使用双量子比特控制的 NOT 门，其中控件由像素位置(Y,X)触发，目标旋转代表像素值的 C_{YX}^i 量子比特。最后，编码值为(11111111)的最后一个像素(1,1)。只需将 Toffoli 门应用于所有像素即可。

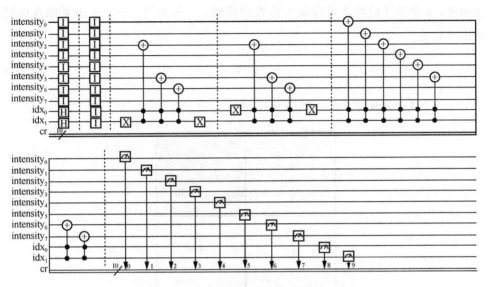

图 9-11　NEQR 模型表示量子图像的量子线路

9.3　小图像和大图像的量子边缘检测 QHED 算法

边缘检测是图像特征提取中必不可少的一部分。边缘检测是现代经典图像处理算法中广泛使用的一种方法，用于提取图像中所描述对象的结构或特征。量子图像处理作为一个新兴的领域，在某些情况下与经典图像处理算法相比计算速度有指数级的提升。虽然边缘检测在经典图像处理中是高效的，但由于大多数经典边缘检测算法需要逐像素计算，对于分辨率较高的图像来说，处理速度非常缓慢。本节介绍了量子概率图像编码（QPIE），并讨论了将量子图像表示模型扩展到使用量子 Hadamard 边缘检测（QHED）算法进行边缘检测[2]。

9.3.1　量子概率图像编码

QPIE 表示使用量子态的概率振幅来存储经典图像的像素值。如果我们有 n

量子比特，便可以达到 2^n 的叠加态。在 QPIE 中，研究者基于这一事实为灰度图像或 RGB 颜色模型表示的图像设计了一种高效、稳健的编码方案，可以指数级减少存储数据所需的内存。这意味着，只需要 2 个量子比特即可存储 4 像素的图像，3 个量子比特即可存储 8 像素的图像。一般来说，一个 n 像素图像的量子比特数为

$$n = \lceil \log_2 N \rceil \tag{9.7}$$

以一个 4 像素图像为例，如图 9-12 所示。

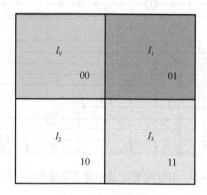

图 9-12   4 像素图像示例

矢量 (I_0, I_1, I_2, I_3)（或子脚本索引的二进制表示中的 $(I_{00}, I_{01}, I_{10}, I_{11})$）表示不同像素的颜色值（8 bit 黑白颜色），$(00,01,10,11)$ 表示为二维矩阵形式，表示一个大小为 2×2 的经典图像。一个由 $N_1 \times N_2$ 个像素组成的二维图像可以用其像素强度表示为

$$I = (I_{yx})_{N_1 \times N_2} \tag{9.8}$$

其中，I_{yx} 是二维图像坐标 (x, y) 处的像素强度。

下面将这些像素强度表示为特定量子态的概率振幅。对像素强度进行归一化，以使所有概率振幅的平方和为 1。将 I_{yx} 归一化为 c_i，表示为

$$c_i = \frac{I_{yx}}{\sqrt{\sum I_{yx}^2}} \tag{9.9}$$

归一化后的量子图像如图 9-13 所示。

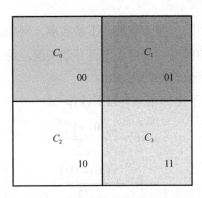

图 9-13　归一化后的量子图像

最后，将每个像素 P_i 的归一化像素强度分配给相应的量子态 $|i\rangle$，则图像状态 $|\operatorname{Im} g\rangle$ 为

$$|\operatorname{Im} g\rangle = c_0|00\rangle + c_1|01\rangle + c_2|10\rangle + c_3|11\rangle \tag{9.10}$$

或者泛化为 n 量子比特，则有

$$|\operatorname{Im} g\rangle = \sum_{i=0}^{2^n-1} c_i|i\rangle \tag{9.11}$$

只需使用几个旋转门和 CNOT 门就可以有效地制备上述状态。上述像素值为 $(0,128,192,255)$ 的 4 像素图像的量子线路如图 9-14 所示。

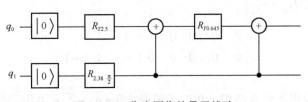

图 9-14　4 像素图像的量子线路

9.3.2　量子 Hadamard 边缘检测

通常，经典的边缘检测算法主要依赖图像梯度的计算，即识别图像中从暗到亮（或从亮到暗）强度过渡的位置。因此，对于大多数算法来说，最坏情况下需要单独处理每个像素以确定梯度，此时的时间复杂度是 $O(2^n)$。

与现有的经典边缘检测算法相比，QSobel 等量子边缘检测算法提供了指数级加速。但是，这些算法中的一些步骤使其不易实现，例如，通过 copy 操作和量子黑匣子来计算所有像素的梯度，目前还没有有效实现，是一个复杂的问题。因此，QHED 算法满足了对更有效算法的需求。

Hadamard 门 H 对量子比特状态有以下操作

$$|0\rangle \to \frac{(|0\rangle+|1\rangle)}{\sqrt{2}}$$

$$|1\rangle \to \frac{(|0\rangle-|1\rangle)}{\sqrt{2}} \qquad (9.12)$$

QHED 算法推广了 Hadamard 门的上述操作，并将其用于图像的边缘检测。对于一个 N 像素的图像。图像的像素可以使用 $|b_{n-1}b_{n-2}b_{n-3}\cdots b_0\rangle, b_i \in \{0,1\}$ 表示。

对于两个相邻的像素，量子比特序列可以写为 $|b_{n-1}b_{n-2}b_{n-3}\cdots b_1 0\rangle$ 和 $|b_{n-1}b_{n-2}b_{n-3}\cdots b_1 1\rangle$，即只有最低有效比特（LSB）不同。相应的像素强度（归一化值）可以写为 $C_{b_{n-1}b_{n-2}b_{n-3}\cdots b_1 0}$ 和 $C_{b_{n-1}b_{n-2}b_{n-3}\cdots b_1 1}$。为了简化表示，我们使用量子比特序列的十进制表示形式。因此，像素值可以写为 c_i 和 c_{i+1}，以十进制表示。

将 Hadamard 门应用于任意大小的量子寄存器的 LSB，可以得到

$$I_{2^{n-1}} \otimes H_0 = \frac{1}{\sqrt{2}}\begin{bmatrix} 1 & 1 & 0 & 0 & \cdots & 0 \\ 1 & -1 & 0 & 0 & \cdots & 0 & 0\,0 & 0 & 1 & \cdots & 0\,0 \\ 0 & 0 & 0 & 0 & 1 & -1 & \cdots & 0 & 0 \\ \vdots & \vdots & \vdots & \vdots & \vdots & \vdots & & \vdots \\ 0 & 0 & 0 & 0 & \cdots & 1 & 1 \\ 0 & 0 & 0 & 0 & 0 & \cdots & 1 & -1 \end{bmatrix} \qquad (9.13)$$

将酉运算应用于包含使用 QPIE 表示形式 $|\mathrm{Im}\,g\rangle = \sum_{i=0}^{N-1} c_i |i\rangle$ 编码的像素值的量子寄存器，如式（9.14）所示。

$$(I_{2^{n-1}} \otimes H_0)\begin{bmatrix} c_0 \\ c_1 \\ c_2 \\ c_3 \\ \vdots \\ c_{N-2} \\ c_{N-1} \end{bmatrix} \to \frac{1}{\sqrt{2}}\begin{bmatrix} c_0+c_1 \\ c_0-c_1 \\ c_2+c_3 \\ c_2-c_3 \\ \vdots \\ c_{N-2}+c_{N-1} \\ c_{N-2}-c_{N-1} \end{bmatrix} \qquad (9.14)$$

从式（9.14）可知，我们可以访问相邻像素的像素强度之间的梯度，其形式为 $c_i - c_{i+1}$，其中，i 为偶数。测量 LSB 处于状态 $|1\rangle$ 的线路，可以通过统计分析得到梯度。

此过程检测了偶数像素对 (0,1,2,3) 之间的水平边界。为了检测奇数像素对 (1,2,3,4) 之间的水平边界，我们可以在量子寄存器上执行振幅排列以将振幅矢量 $(C_0, C_1, C_2, \cdots, C_{N-1})^T$ 转换为 $(C_1, C_2, \cdots, C_{N-1}, C_0)^T$，然后应用 Hadamard 门并测量以 LSB 处于状态 $|1\rangle$ 为条件的量子寄存器。这里可以使用额外的辅助量子比特使其更节省资源。

令一个大小为 4×4 的图像作为原始图像，将其展平并表示为矢量 $(0, 0.9, 0, 0, 0.5, 0.6, 0.3, 0, 0, 0.2, 0.7, 0.8, 0, 0, 0, 1, 0)$。原始图像如图 9-15 所示，量子线路表示如图 9-16 所示。

图 9-15　原始图像

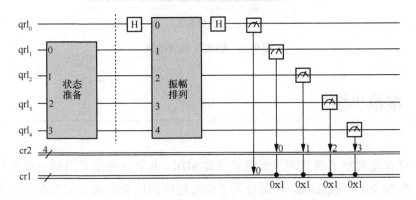

图 9-16　原始图像的量子线路表示

QHED 检测的量子线路如图 9-17 所示，检测结果如图 9-18 所示。

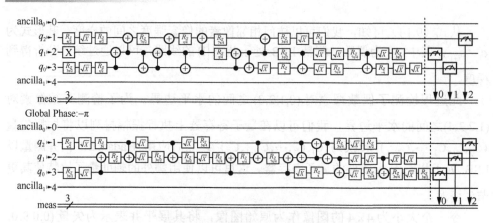

图 9-17　QHED 检测的量子线路

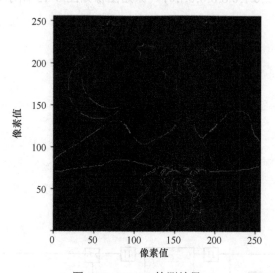

图 9-18　QHED 检测结果

9.4　本章小结

　　本章首先列举了当前的主流量子仿真 SDK，并着重介绍了当前最成熟的两种
SDK，即 Qiskit 和 Qpanda，在运行量子仿真程序的抽象步骤分别实现了其在量子
线路仿真中的示例代码；然后，介绍了 FRQI 和 NEQR 这两种当前主流的经典图
像到量子态编码方式，并借助 Qiskit 实现了 4 像素灰度图像的 FRQI 和 NEQR 的
量子线路以及仿真代码；最后，介绍了量子图像的边缘检测技术，其中着重介绍

了基于量子概率图像编码的量子 Hadamard 边缘检测算法，并给出了其量子线路。

参考文献

[1] ZHANG Y, LU K, GAO Y H. QSobel: a novel quantum image edge extraction algo-rithm[J].Science China Information Sciences, 2015, 58(1): 1-13.

[2] YAO X W, WANG H Y, LIAO Z Y, et al. Quantum image processing and its application to edge detection: theory and experiment[J]. Physical Review X, 2017, 7(3): 031041.

[3] ZHANG Y, LU K, GAO Y H, et al. NEQR: a novel enhanced quantum representation of digital images[J].Quantum Information Processing, 2013, 12(8): 2833-2860.